W0261295

WERKSTATTBÜCHER

FÜR BETRIEBSANGESTELLTE, KONSTRUKTEURE UND FACH-ARBEITER. HERAUSGEGEBEN VON DR.-ING. H. HAAKE, HAMBURG

Jedes Heft 50—70 Seiten stark, mit zahlreichen Abbildungen

Die Werkstattbücher behandeln das Gesamtgebiet der Werkstatt-technik in kurzen selbständigen Einzeldarstellungen: anerkannte Fachleute und tüchtige Praktiker bieten hier das Beste aus ihrem Arbeitsfeld, um ihre Fachgenossen schnell und gründlich in die Betriebspraxis einzuführen.

Die Werkstattbücher stehen wissenschaftlich und betriebstechnisch auf der Höhe, sind dabei aber im besten Sinne gemeinverständlich, so daß alle im Betrieb und auch im Büro Tätigen, vom vorwärtsstrebenden Facharbeiter bis zum leitenden Ingenieur, Nutzen aus ihnen ziehen können.

Indem die Sammlung so den Einzelnen zu fördern sucht, wird sie dem Betrieb als Ganzem nutzen und damit auch der deutschen technischen Arbeit im Wettbewerb der Völker.

Einteilung der bisher erschienenen Hefte nach Fachgebieten

(Fortsetzung 3. Umschlagseite)

WERKSTATTBÜCHER

FÜR BETRIEBSANGESTELLTE, KONSTRUKTEURE UND FACH-
ARBEITER. HERAUSGEBER DR.-ING. H. HAAKE, HAMBURG

HEFT 53

Leichtmetalle

Von

Dr.-Ing. Fritz Böhle

Hannover

Dritte, verbesserte Auflage
des vorher von R. Hinzmann † bearbeiteten Heftes

(12. bis 17. Tausend)

Mit 32 Abbildungen

Springer-Verlag

Berlin / Göttingen / Heidelberg

1956

ISBN-13: 978-3-540-02105-6
DOI: 10.1007/978-3-642-87345-4

e-ISBN-13: 978-3-642-87345-4

Inhaltsverzeichnis.

Vorwort.

Das bisher von R. Hinzmann † bearbeitete Werkstattbuch Heft 53 erscheint in seiner 3. Auflage[1] unter der Bezeichnung „Leichtmetalle", um seinen Inhalt klarer hervortreten zu lassen. Der Aufbau des Buches konnte im wesentlichen beibehalten werden, neuere Erfahrungen wurden hineingearbeitet und die Tabellen dem heutigen Stand der Werkstoff-Normen entsprechend neu aufgestellt. Nach wie vor ist die Aufgabe dieses Werkstattbuches, dem Werkstatt-Fachmann, Konstrukteur und Studierenden einen guten Überblick über die Eigenschaften, Verarbeitungs- und Verwendungsmöglichkeiten der Leichtmetalle und ihrer Legierungen zu geben.

I. Herstellung und physikalische Eigenschaften.

A. Aluminium.

1. Gewinnung und Herstellung. Das Aluminium kommt als metallisches Element wegen seiner großen Verwandtschaft zum Sauerstoff in der Natur nicht gediegen vor; es ist in der Tonerde (Aluminiumoxyd Al_2O_3)[2] enthalten, die in fast unerschöpflicher Menge in der ganzen Erdkruste vorhanden ist. Von den Mineralien, die die Tonerde in abbaulohnenden Mengen enthalten, sind zu nennen: *Feldspat, Ton, Kaolin, Leucit* (Kalium-Aluminium-Silikat), *Labradorit, Bauxit* und *Laterit*, wovon die beiden letzten für die praktische Aluminiumgewinnung zur Zeit die wichtigsten sind. Sie bestehen aus Tonerdehydraten mit etwa $55 \cdots 65\%$ Tonerde (Al_2O_3), bis 28% Eisenoxyd (Fe_2O_3), $12 \cdots 30\%$ Wasser und bis 4% Kieselsäure (SiO_2). Die Hauptfundorte für diese Mineralien sind in Frankreich — nach dem ersten Fundorte Les Baux in Südfrankreich *Bauxit* genannt —, Dalmatien, Istrien, Ungarn, Rußland, Britisch-Indien, Arkansas, Kanada und Britisch-Guayana. Die industrielle Großerzeugung von Aluminium wird heute fast ausschließlich aus dem Bauxit bestritten.

Die Gewinnung von Reinaluminium unmittelbar aus dem Bauxit auf hüttenmännisch-schmelztechnischem Wege ist wegen der großen chemischen Aktivität des Aluminiums nicht möglich. Es müssen vielmehr die Rohstoffe erst weitgehendst gereinigt werden, d. h. es muß zuerst eine reine Aluminiumverbindung, die Tonerde (Al_2O_3), aufgeschlossen werden, aus der dann das Aluminium abgeschieden wird. Zur Tonerdegewinnung aus dem Bauxit sind eine ganze Reihe Verfahren entwickelt worden, von denen das sog. Bayer-Verfahren heute fast ausschließlich für die industrielle Großerzeugung angewendet wird. Der Herstellungsgang ist nach Abb. 1 folgender: Der Bauxit wird in einem Steinbrecher vorgebrochen, durch einen Drehrohr-Trockenofen geschickt und in der Kugelmühle feingemahlen. Der gemahlene Bauxit wird dann im Mischer mit Natronlauge zusammengerührt und im Autoklaven (luftdicht verschließbares starkwandiges Metallgefäß) bei einem Druck von etwa 7 at erhitzt, woraus eine Natrium-Aluminatlauge und Rot-

---

[1] Die ersten beiden Auflagen (1934 u. 1942 erschienen) wurden von Dr.-Ing. Reinhold Hinzmann (gest. 26. 4. 45) unter dem Titel „Nichteisenmetalle II, Leichtmetalle" bearbeitet.

[2] Chemische Formelzeichen: Ag Silber, Al Aluminium, Au Gold, Bi Wismut, C Kohlenstoff, Ca Kalzium, Cd Kadmium, Cl Chlor, Co Kobalt, Cr Chrom, Cu Kupfer, Fe Eisen, H Wasserstoff, K Kalium, Mg Magnesium, Mn Mangan, Na Natrium, Ni Nickel, O Sauerstoff, Pb Blei, Pt Platin, S Schwefel, Si Silizium, Sn Zinn, Ti Titan, Zn Zink, Zr Zirkonium.

schlamm (Eisenoxydschlamm) anfallen. Der Rotschlamm wird in Filterpressen ausgeschieden und die klare Aluminatlauge unter Zusatz von Tonerdehydrat in Natronlauge und Tonerdehydrat zerlegt, aus dem nunmehr durch Kalzinieren (Austreiben des chemisch gebundenen Wassers durch Erhitzen) im Drehrohrofen

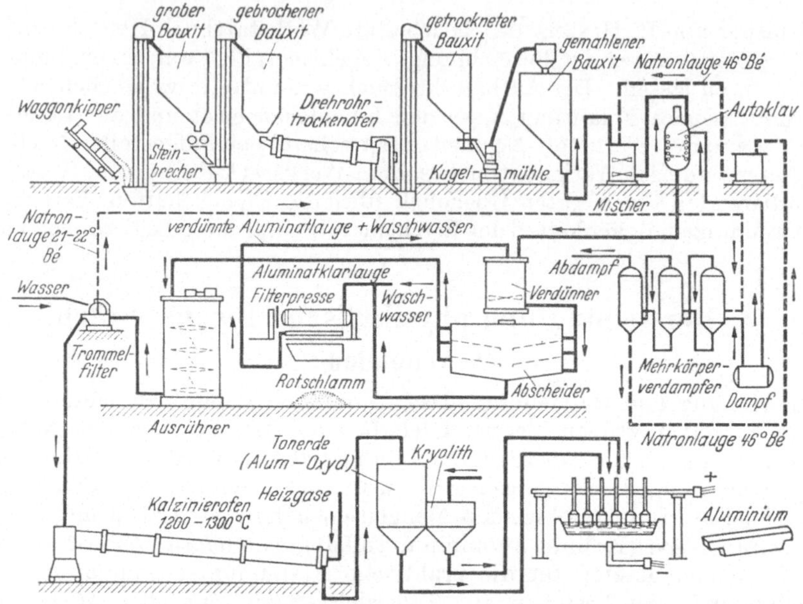

Abb. 1. Schema der Tonerdegewinnung (nach dem Bayer-Verfahren) und der Aluminiumelektrolyse.

die reine Tonerde gewonnen wird. Die Natronlauge wird nach dem Eindampfen wieder zum Aufschließen des Bauxites verwendet.

Aus der nach dem vorgenannten Verfahren gewonnenen Tonerde wird nunmehr das Reinaluminium hergestellt, und zwar heute ausschließlich auf elektrolytischem Wege. Die Tonerde wird zur Herabsetzung des hohen Schmelzpunktes mit Kryolith, einem Doppelsalz von Aluminium- und Natriumfluorid, gemischt und als Elektrolyt mit einem Schmelzpunkt von $700 \cdots 800°$ in einen Schmelzofen eingesetzt, dessen Bauart aus der schematischen Abb. 2 hervorgeht. Als Anode dienen Kohleelektroden und als Kathode die mit Kohle ausgekleideten Schmelzgefäße. Bei $5 \cdots 6$ V und $30 \cdots 40000$ A wird

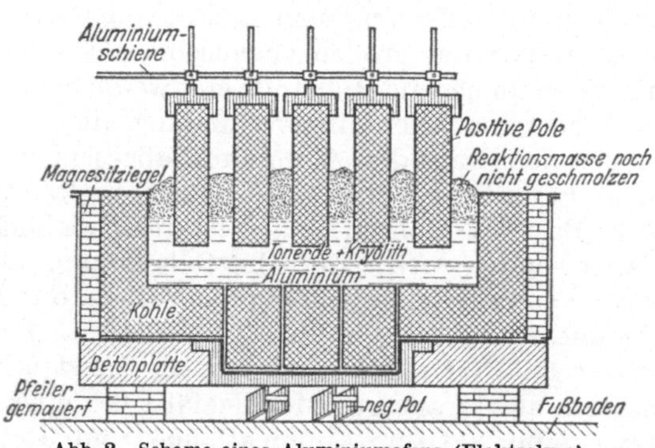

Abb. 2. Schema eines Aluminiumofens (Elektrolyse).

in der hellglühenden Tonerde-Kryolithschmelze das reine Aluminium aus der Tonerde ausgeschieden, das sich am Boden des Troges absetzt und von hier bei ununterbrochenem Ofenbetriebe von Zeit zu Zeit abgezogen wird. Zur Herstellung von 1 kg Aluminium werden etwa benötigt: 2 kg Tonerde, 0,07 kg Kryolith, 1,7 kg Elektrodenkohlen und 20 kWh Strom.

Das aus der Schmelzelektrolyse abgestochene Aluminium ist wegen seiner verschiedenen Reinheit noch nicht ohne weiteres verwendbar, sondern wird durch Umschmelzen im Tiegelofen durch entsprechende Gattierung in seinem Reinheitsgehalt reguliert und in die handelsübliche Lieferform gegossen. Diese besteht aus Rohmasseln von $\sim$ 15 kg Gewicht oder Masseln bis zu 4 kg, die durch tiefe Kerben zur besseren Zerkleinerung mehrfach unterteilt sind. Zur Herstellung von Blechen und Bändern werden Walzbarren von 1000 kg und mehr und zur Herstellung von Stangen und Drähten Rund- und Vierkantbarren von 200 kg und darüber gegossen.

Das handelsübliche Reinaluminium ist in seinen zulässigen Beimengungen, deren Anwesenheit teils durch den Reinheitsgrad der Ausgangsstoffe, teils durch den Herstellungsprozeß bedingt ist, genormt worden. Darüber hinaus kann für Sonderzwecke Reinstaluminium mit einem Reinheitsgehalt von 99,99$\cdots$99,995% hergestellt werden. Es gibt:

Reinaluminium H nach DIN 1712, Blatt 1 (Tabelle 1)[1].

Tabelle 1. *Reinaluminium H.*

Kurzzeichen	insgesamt höchstens	Zulässige metallische Beimengungen % davon höchstens					Sonstige je
		Si	Fe	Ti	Cu	Cu + Zn	
Al 99,8 H	0,20	0,15	0,15	0,03	0,01	0,07	0,01
Al 99,7 H	0,30	0,20*	0,25*	0,03	0,01	0,08	0,01
Al 99,5 H	0,50	0,30*	0,40*	0,03	0,02	0,09	0,03
Al 99 H	1,00	0,50*	0,60*	0,03	0,02	0,10	0,04

* Si $\leq$ Fe, nur für Walz- und Preßbarren.

Dieses ist ein Hüttenaluminium in Blöcken und Barren, das 1. unmittelbar aus den Rohstoffen hüttenmännisch gewonnen, auf der Hütte in Formen gegossen und mit dem Hüttenzeichen versehen wird, und das 2. in den Walzwerken aus den beim Verarbeiten von Hüttenaluminium zu Halbzeug im eigenen Betrieb anfallenden Abschnitten und aus Neumetall sachgemäß umgeschmolzen und zu Walz- oder Preßbarren vergossen wird.

Reinaluminium im Halbzeug nach DIN 1712, Blatt 3 (Tabelle 2)[1].

Tabelle 2. *Reinaluminium im Halbzeug.*

Kurzzeichen	insgesamt höchstens	Zulässige metallische Beimengungen % davon höchstens					Sonstige je	Richtlinien für die Verwendung
		Si	Fe	Ti	Cu	Cu + Zn		
Al 99,8	0,20	0,15	0,15	0,03	0,02	0,08	0,01	Chemische Industrie für
Al 99,7	0,30	0,20*	0,25*	0,03	0,03	0,10	0,02	besonders hohe Ansprüche
Al 99,5	0,50	0,30*	0,40*	0,03	0,05	0,12	0,03	Chemische Industrie Elektrotechnik Schiffbau
Al 99	1,00	0,50*	0,60*	0,04	0,07	0,15	0,04	Allgemeine Zwecke
Al 98	2,00	0,80*	1,00*	0,05	0,10	0,20	0,06 jedoch Mn höchstens 0,10	Nicht verwendbar für chemisch-beanspruchte Teile, z. B. Geschirr, Bedachungen

* Si $\leq$ Fe.

[1] Zu den Angaben, die Normblättern entnommen sind, wird bemerkt: Die Normblattangaben werden mit Genehmigung des Deutschen Normenausschusses wiedergegeben. Maßgebend ist die jeweils neueste Ausgabe des Normblattes im Normformat A 4, das bei der Beuth-Vertrieb G.m.b.H., Berlin W 15 und Köln, erhältlich ist.

Dieses Normblatt bezieht sich auf die Beschaffenheit des Werkstoffes Reinaluminium im Halbzeug (Bleche, Bänder, Streifen, Rohre, Profile, Preßteile, Drähte).

2. Physikalische Eigenschaften. a) Thermische Eigenschaften.

Schmelzpunkt	658°	Spez. Wärme bei	18°	0,214	$\dfrac{\text{cal}}{\text{g} \cdot \text{Grad}}$
Siedepunkt	2270°				
Schmelzwärme	92,4 cal/g	Spez. Wärme bei	100°	0,223	,,
Linearer Wärmeausdehnungsbeiwert			20°	0,50	
(zwischen 20 und 100°)	$24 \cdot 10^{-6}$/Grad	Wärmeleitfähig-	100°	0,51	$\dfrac{\text{cal}}{\text{cm} \cdot \text{s} \cdot \text{Grad}}$
(zwischen 20 und 600°)	$28,5 \cdot 10^{-6}$/Grad	keit bei	200°	0,52	

Das *spezifische Gewicht* γ bei gegossenem Reinaluminium schwankt je nach seiner mehr oder weniger guten Dichtigkeit zwischen 2,65 und 2,69 g/cm³. Für durch Kneten verdichtetes Reinaluminium Al 99,5 ist $\gamma = 2,70$ g/cm³, und für stärker verunreinigtes Aluminium, etwa Al 98, ist $\gamma = 2,72$ g/cm³ zu nehmen.

Das Rückstrahlungsvermögen des Aluminiums ist sehr groß, so daß Wärmestrahlen je nach dem Zustand der Oberfläche bis zu 90% zurückgeworfen (reflektiert) werden.

Hieraus erklärt es sich, daß trotz hoher Wärmeleitfähigkeit das Aluminium weniger Wärme von einer Wärmequelle aufnimmt und weitergibt (beispielsweise bei einem Kochtopf an den Inhalt) als andere Metalle. Durch Überziehen der unmittelbar von den Wärmestrahlen getroffenen Fläche (z. B. der Boden des Kochtopfs) mit einem möglichst strahlungsfreien — schwarzen — Lack od. dgl. kann die Wärmeaufnahme wesentlich verbessert werden.

b) Mechanische Eigenschaften. Der *Elastizitätsmodul* bei Reinaluminium beträgt 6900 kg/mm². Eine *Elastizitätsgrenze* ist bei weichem Reinaluminium nach Feinmeßversuchen nicht vorhanden, d. h. es verbleibt nach Entlastung immer noch ein gewisser Dehnungsrest. Erst bei verfestigtem Werkstoff tritt die Elastizitätsgrenze deutlich in Erscheinung, die etwa die halbe Höhe der jeweiligen Zugfestigkeit erreicht. Die *Streckgrenze*, die, da nicht deutlich ausgeprägt, bei 0,2% bleibender Dehnung angenommen wird, ist bei weichem Aluminium sehr niedrig, liegt aber bei hartem Aluminium wenig unter der erreichten Zugfestigkeit.

Zugfestigkeit, *Bruchdehnung* und *Kugeldruckhärte* des weichen Aluminiums können ebenfalls durch Kaltbearbeitung wesentlich beeinflußt werden. So ist bei dünnem Al-Blech und -Draht von etwa 1 mm eine Festigkeitssteigerung bis auf 28 kg/mm² und eine Härtesteigerung bis auf 60 kg/mm² bei entsprechender Dehnungsverminderung auf $3 \cdots 5\%$ zu erreichen, jedoch nicht zu empfehlen, da der Werkstoff zu spröde wird (Tabelle 3).

Tabelle 3. *Festigkeitsänderung von Aluminiumblech Al 99 durch Kaltwalzen.*

Zustand	weich	halbhart	hart
Zugfestigkeit kg/mm²	> 8	>11	>14
Bruchdehnung % ($l = 10\,d$)	>25	>4	> 3
Brinellhärte (2,5/15,6/30) kg/mm²	~ 22	~ 32	~ 38

Bei starken Abmessungen, etwa einer Aluminiumstange von 30 mm $\varnothing$ und darüber, kann naturgemäß nicht mehr der federharte, sondern wertmäßig nur der harte Zustand erreicht werden.

Die vorstehenden, auf der Zerreißmaschine ermittelten Zugfestigkeiten werden bei einer Reckgeschwindigkeit von etwa 0,2 mm/s erhalten. Bei Belastungen über einen längeren Zeitraum fallen diese Höchstwerte, die man dann als *Dauerstandfestigkeiten* bezeichnet, niedriger aus, was beispielsweise bei Aluminiumdrähten für Freileitungen besonders beachtet werden muß. Versuche (Abb. 3) haben ergeben, daß z. B. ein Aluminiumdraht von 20 kg/mm² Zugfestigkeit bei normaler Belastungsgeschwindigkeit nur eine Festigkeit von 17 kg/mm² bei einstündiger und von 10 kg/mm² bei etwa einjähriger Belastungsdauer besitzt (Linie a in Abb. 3).

Die durch Kaltbearbeitung hervorgerufene Festigkeitssteigerung und Dehnungsverminderung kann durch eine nachfolgende Glühbehandlung wieder rückgängig gemacht werden. Die hierzu notwendige Glühtemperatur, die sog. Rekristallisationstemperatur, ist abhängig von dem voraufgegangenen Reckgrade. Diese Beziehungen sind in Abb. 4 dargestellt, aus der hervorgeht, daß die Rekristallisationstemperatur um so niedriger ist, je stärker der Reckgrad war und umgekehrt. Bei 70···90% gestrecktem Aluminium beginnt die Rekristallisation, mit der die Entfestigung verbunden ist, bereits bei etwa 250°. Die sich einstellende Korngröße folgt auch hier dem allgemein gültigen Rekristallisationsgesetz, nach dem die Korngröße um so größer wird, je kleiner der Reckgrad war und umgekehrt. Aus diesem Grunde muß vermieden wer-

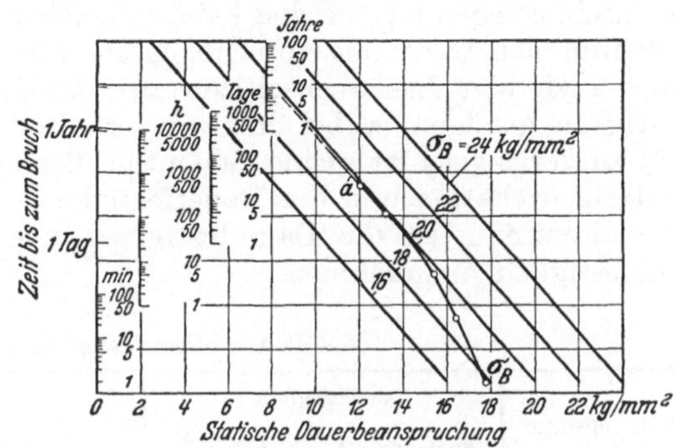

Abb. 3. Abhängigkeit der Festigkeit von der Belastungsdauer (AEG-SSW).

den, ¼ oder ½ harten Werkstoff zu glühen, da er sonst grobkörnig wird. Ein grobes Korn mit seinen schädlichen Wirkungen auf die Festigkeitseigenschaften stellt sich auch ein, wenn das kritische Temperaturgebiet der beginnenden Rekristallisation zu langsam durchlaufen wird, oder wenn durch zu hohe Glühtemperatur und zu lange Glühdauer das Kornwachstum einsetzt. In der Praxis wird diesen Erkenntnissen dadurch Rechnung getragen, daß

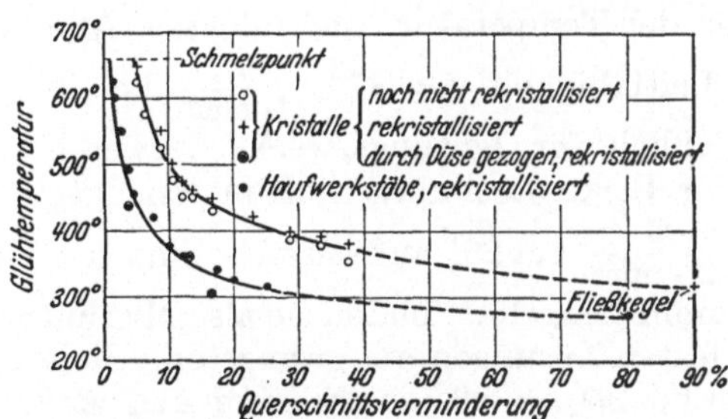

Abb. 4. Temperaturen beginnender Rekristallisation von Aluminium nach ½ h Glühdauer (SACHS).

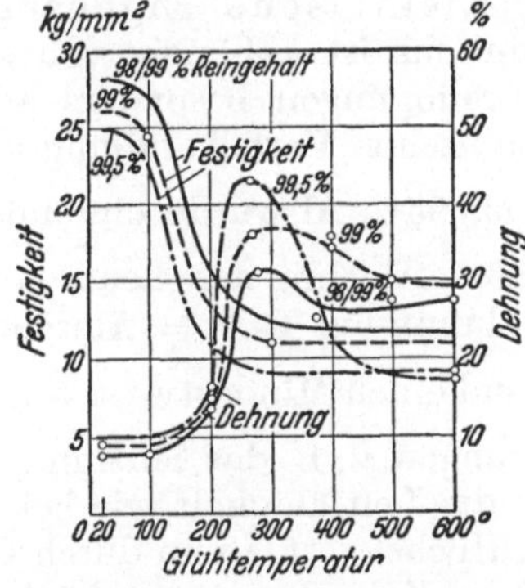

Abb. 5. Festigkeit und Dehnung von hartgezogenem Aluminium nach verschiedenen Glühtemperaturen

der glühende Ofen bei einer Temperatur von 400···500° C mit dem Glühgut beschickt wird, um eine schnelle Anwärmung und kurze Glühdauer zu erreichen. Die Einwirkung der Glühtemperaturen auf Zugfestigkeit und Dehnung von stark gerecktem Draht zeigt Abb. 5: die Zugfestigkeit fällt nach Glühung bei 100° schon merklich ab und erreicht nach 250° den niedrigsten Wert. Ein geringer Wiederanstieg der Zugfestigkeit nach höheren Glühtemperaturen bei stärker verunreinigtem Al 98 und Al 99 hängt damit zusammen, daß bei genügend schneller Abkühlung der Zerfall des Aluminium-Silizium-Mischkristalles unterbunden wird.

Die *Warmfestigkeit*, d. i. die bei erhöhter Temperatur gemessene Zugfestigkeit, ist bei Reinaluminium nicht besonders hoch (Tabelle 4): bei 100° ist sie bereits bedeutend erniedrigt, bei 400° schon bis auf $1 \cdots 2$ kg/mm² gesunken; die Dehnung hingegen ist außerordentlich gestiegen, worauf die gute Warmverarbeitung des Aluminiums zurückzuführen ist.

Als *Dauerfestigkeit*, auch Schwingungs- oder Wechselfestigkeit genannt, wird diejenige Spannung angenommen, bei der der Werkstoff beliebig viele Lastwechsel ohne Bruch aushält. Während bei Stahl diese Grenze bei etwa 10 Millionen Lastwechseln gelegen ist, werden bei den Leichtmetallen noch Brüche nach 10, 50 und 100 Millionen Lastwechseln beobachtet. Für die praktischen Erfordernisse dürften aber auch hier Lastwechsel von $30 \cdots 50$ Millionen zur Bestimmung der Dauerfestigkeit genügen, wobei dann der erhaltene Wert zur Sicherheit noch um etwa 5% zu verringern ist. Eine eindeutige Beziehung zwischen den statischen Festigkeitseigenschaften und der Dauerfestigkeit ist bisher nicht gefunden worden; bei Reinaluminium ist die Dauerfestigkeit in roher Annäherung mit $0,4 \cdots 0,45$ der Zugfestigkeit anzunehmen.

Tabelle 4. Warmfestigkeit von Reinaluminium.

Prüftemperatur	weichgeglüht		halbhartgezogen		hartgezogen	
	Zugfestigkeit	Dehnung ($l = 10\,d$)	Zugfestigkeit	Dehnung ($l = 4\,d$)	Zugfestigkeit	Dehnung ($l = 10\,d$)
°C	kg/mm²	%	kg/mm²	%	kg/mm²	%
20	8,2	51	14	15	22	4
100	6,4	62	11	25	20	10
200	4,4	84	7	30	14,5	22
300	2,5	90	3	50	7	33
400	1,1	128	1	65	1,5	45

c) Elektrische Eigenschaften. Die *elektrische Leitfähigkeit* des Reinaluminiums ist abhängig von seinem Reinheitsgehalt, d. h. Art und Menge der Verunreinigungen besonders an Silizium und Eisen, von der thermischen und mechanischen Vorbehandlung und von der Temperatur. Bei reinstem Aluminium mit 99,995% Al wurde eine höchste Leitfähigkeit von $37,8 \dfrac{m}{\Omega \cdot mm^2}$ bei 20° festgestellt. Al 99,5, das heute ausschließlich für Leitungszwecke verwendet wird (Leitaluminium E-Al = Aluminium für Elektrotechnik), muß in weichgeglühtem Zustand einen Mindestwert von $36,0 \dfrac{m}{\Omega \cdot mm^2}$ bei 20° aufweisen[1]. Sind die Verunreinigungen, z. B. das Silizium, im Aluminium gelöst, bilden sie also Mischkristalle, so ist die Leitfähigkeit wie bei allen festen Lösungen am geringsten. Sie erreicht ihren Höchstwert, wenn durch Glühen bei $250 \cdots 300°$ das Silizium aus der Lösung als freie Kristalle ausgeschieden ist. Diese Kenntnis macht man sich zunutze, indem man bei der Herstellung von Drähten für Leitaluminiumdrähte die Walztemperatur bei 300° hält.

Die elektrische Leitfähigkeit wird mit steigender Temperatur kleiner und mit fallender Temperatur größer und dementsprechend umgekehrt der spezifische Widerstand mit steigender Temperatur größer und mit fallender kleiner. Die Widerstandsänderung für 1° ist zwischen 0 und 100° praktisch gleich, so daß der *Temperaturbeiwert* ebenfalls als konstant anzusehen ist. Er beträgt für Reinaluminium mit einer Leitfähigkeit von $36 \dfrac{m}{\Omega \cdot mm^2} = 0,00425$ für 1°. Für den praktischen

---

[1] VDE 0202/VII 43 „Vorschriften für Aluminium für Elektrotechnik".

Bereich der Temperaturen unter 0° bis etwa —200° bleibt der Temperaturbeiwert wie vorgenannt ebenfalls gleich. Erst bei noch tieferen Temperaturen wird er kleiner. — Reinaluminium ist *unmagnetisch*.

Neben Reinaluminium wird in der Elektrotechnik noch eine Aluminiumlegierung der Gattung Al-Mg-Si verwendet, die auf S. 14 näher beschrieben ist.

B. Aluminiumlegierungen. [1]

1. Aluminium-Knetlegierungen. Aluminium läßt sich mit vielen metallischen Zusätzen, von denen hauptsächlich Kupfer, Silizium, Magnesium und Zink, in zweiter Linie Nickel, Mangan, Titan, Eisen, Chrom und Kobalt und seltener Zinn, Kadmium, Antimon und Wismut in Frage kommen, mehr oder weniger gut legieren. Diese vielfältige Legierungsmöglichkeit hat eine Unzahl von Aluminiumlegierungen mit allen möglichen Handelsbezeichnungen auf den Markt gebracht, die die Auswahl einer geeigneten Legierung für einen bestimmten Verwendungszweck dem nicht ausgesprochenen Werkstoffachmann außerordentlich erschwerten. Diesem Wirrwarr wurde durch die Herausgabe des Normblattes DIN 1725 [2] begegnet, das alle Aluminiumlegierungen nach Gattungen (Legierungsgruppen) geordnet enthält, die sich bereits in der Praxis bewährt haben und die innerhalb ihrer Gruppe das Höchstmaß an erreichbaren Eigenschaften darstellen. Für alle praktisch vorkommenden Bedürfnisse dürften sich hieraus die geeigneten Legierungen herausfinden lassen.

a) Gattung Al Cu Mg. Diese Legierungsgruppe umfaßt die Aluminiumlegierungen mit Kupfer- und geringem Magnesiumgehalt, die durch Aushärtung (Vergütung) die besten Festigkeitswerte erreichen. Das in Abb. 6 wiedergegebene Zustandsschaubild Aluminium-Kupfer zeigt auf der Aluminiumseite eine Mischungslücke. Bei 548° (= Temperatur der Eutektikalen des anschließenden Diagrammbereiches) sind 5,7% Cu im Aluminiummischkristall gelöst. Bei Raumtemperatur ist die Löslichkeit für Kupfer praktisch gleich 0.

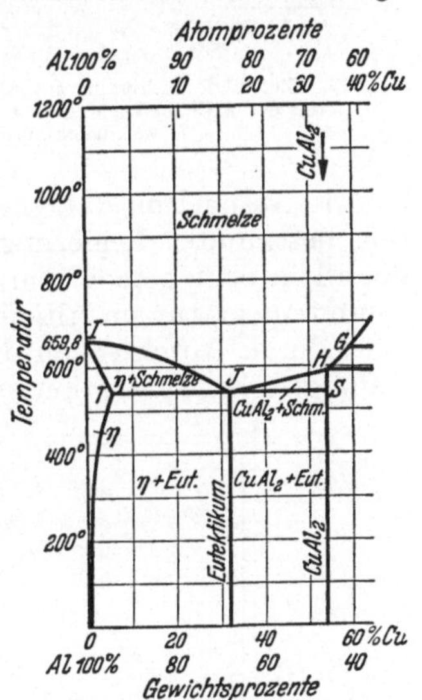

Abb. 6. Zustandsschaubild Aluminium-Kupfer.

Dem Aluminium und seinen Legierungen waren zunächst große Anwendungsgebiete verschlossen, da die Festigkeitseigenschaften nicht diejenigen von Eisen und Stahl erreichen konnten. Hierin trat eine grundsätzliche Änderung ein, als die aushärtbaren Aluminiumlegierungen bekannt wurden, bei denen durch eine geeignete Warmbehandlung die Festigkeitseigenschaften ganz wesentlich verbessert werden können. Diese ganz bedeutende und einzigartige Entdeckung gelang zuerst dem Deutschen ALFRED WILM 1906 nach langjährigen Forschungsarbeiten. Er erkannte, daß bei seiner als „Duralumin" patentierten, kupfer- und magnesiumhaltigen Legierung [3] durch Lösungsglühen, Abschrecken und nachfolgendes, mehrere Tage langes Auslagern bei Raumtemperatur eine sehr große Härtesteigerung zu erreichen ist. An die Stelle dieser Kaltauslagerung bei Raumtemperatur tritt

---

[1] Siehe Tabelle 16 S. 45—47.
[2] Früh. DIN 1713.
[3] In den Normen werden solche Bezeichnungen wie „Duralumin", „Aldrey" (S.14), „Elektron" und „Magnewin" (S. 22) für die einzelnen Legierungstypen nicht genannt.

bei fast allen anderen aushärtbaren Legierungen die Warmauslagerung, die nach
dem Abschrecken in einer nur Stunden währenden Erwärmung auf etwa $50\cdots160°$
besteht. Nach dieser großartigen Entdeckung kamen naturgemäß eine große Anzahl aushärtbarer Legierungen unter den verschiedensten Namen auf den Markt,
von denen bisher jedoch kaum eine, das muß zur Ehre der WILMschen Erfindung
gesagt werden, das Duralumin übertroffen hat.

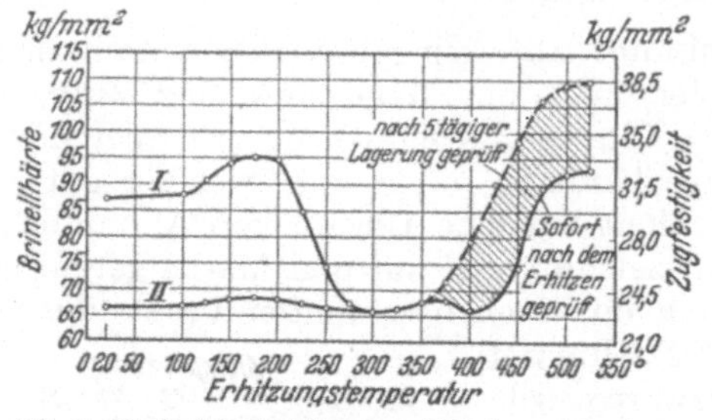

Abb. 7. Einfluß der Erhitzung auf Härte und Zugfestigkeit der AlCuMg-Legierung. *I* hartgewalzt;
II weichgeglüht.

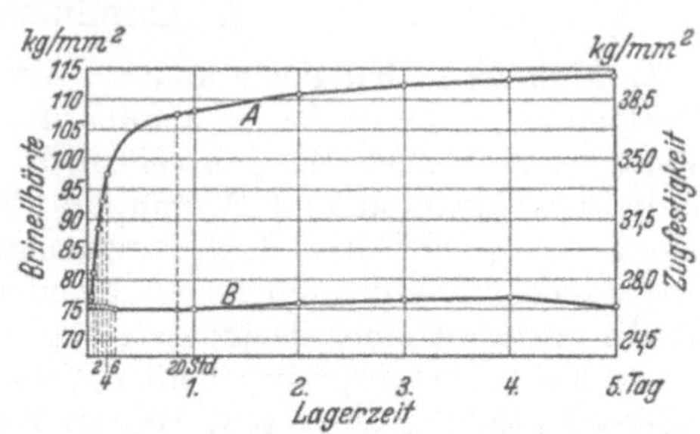

Abb. 8. Zunahme der Härte und Zugfestigkeit der
AlCuMg-Legierung während des Alterns. *A* Festigkeit
(Härte); *B* Dehnung (Zahlenwerte rechts in %).

Die Aushärtungsfähigkeit von Aluminiumlegierungen ist von dem Vorhandensein bestimmter Legierungszusätze, wie Mg, Si, Cu, Zn und anderen abhängig,
die allein oder gemeinsam bei höheren Temperaturen in stärkerem Maße als bei
Raumtemperatur im Aluminium gelöst sind. Wird nun durch schnelle Abkühlung
bzw. durch Abschrecken die Ausscheidung der Legierungsbestandteile zum voll-
ständigen Konzentrationsausgleich verhindert, dann befindet sich die Legierung
im unterkühlten, instabilen Zustand. Der
stabile Gleichgewichtszustand wird erst
durch Auslagern bei Raumtemperatur oder
höheren Temperaturen dadurch erreicht,
daß sich aus der übersättigten Lösung die
Teilchen dispers (in feiner Verteilung) aus der
Grundmasse ausscheiden. Hierdurch werden die Gleitflächen der Kristalle blockiert
und die Festigkeits- und Härtesteigerungen
hervorgerufen.

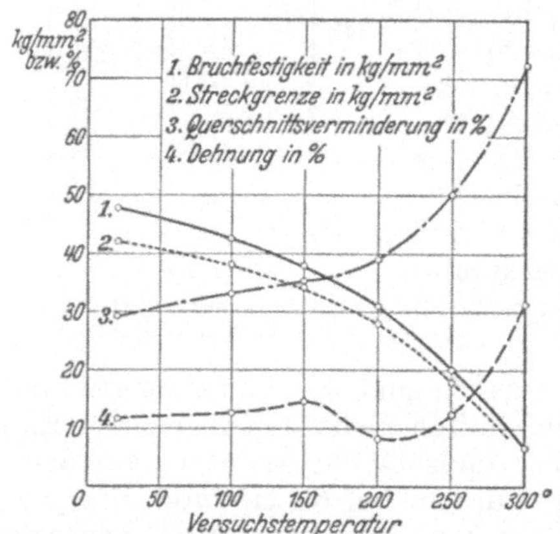

Abb. 9. Warmfestigkeit der AlCuMg-Legierung.

Die *Al Cu Mg-Legierung* setzt für ihre
Aushärtungsfähigkeit eine gute Durchknetung durch Walzen, Schmieden oder
Pressen voraus; in gegossenem Zustand
ist eine nennenswerte Aushärtung nicht
möglich. Die Aushärtung wird nach der
Formgebung am fertigen Stück vorgenommen, woran sich gegebenenfalls bei
Drähten, Stangen, Blechen u. dgl. noch ein Kaltrecken zur Steigerung der Festigkeit anschließen kann. Erhitzt wird auf die Abschrecktemperatur von $\sim500°$
zweckmäßig in einem Salzbadofen, und zwar bei kleineren Stücken etwa $5\cdots20$ min
und bei größeren Schmiede- und Preßstücken bis zu 1 h. Hierauf werden die
Gegenstände in Wasser abgeschreckt und sorgfältig von etwa anhaftenden Salz-
resten gereinigt, um spätere Korrosionen zu vermeiden. Die Wirkung dieses ersten
Teiles der thermischen Behandlung, Erhitzung mit nachfolgender Abkühlung, auf
weichgeglühtes und hartgewalztes Duralumin zeigt die Abb. 7. Der zweite Teil

der Vergütungsbehandlung besteht in einer mehrtägigen, ruhigen Lagerung, bei der Härte und Festigkeit stark ansteigen ohne Rückgang der Dehnung. Abb. 8 läßt erkennen, daß die Verfestigung nach 1 bis 2tägiger Lagerung sehr stark zunimmt, bis sie nach etwa 5 Tagen ihren Höchstwert erreicht hat. Die Al Cu Mg-Legierung kann wiederholt ausgeglüht und ausgehärtet werden, ohne daß die Aushärtungsfähigkeit Einbuße erleidet. — Physikalische Werte sind:

$$\text{Schmelzpunkt etwa} \ldots \ldots 650°$$

$$\text{Wärmeleitfähigkeit} \ldots \ldots 0,3\cdots 0,4 \frac{\text{cal}}{\text{cm}\cdot\text{s}\cdot\text{Grad}}$$

Mittlerer linearer Wärmeausdehnungsbeiwert
zwischen 20 und 100°: $23,7\cdot 10^{-6}$
„ 20 „ 250°: $24,9\cdot 10^{-6}$
„ 20 „ 500°: $26,8\cdot 10^{-6}$

Die Al Cu Mg-Legierung ist praktisch unmagnetisch. Sie besitzt gemäß Abb. 9 eine gute Warmfestigkeit. Bei Temperaturen unter 0° erfahren Festigkeit und Dehnung eine Steigerung (Tabelle 5).

Tabelle 5. *Kaltfestigkeit der Al Cu Mg-Legierung.*

Temperatur	$+20°$	$0°$	$-20°$	$-40°$	$-80°$	$-190°$
Zugfestigkeit kg/mm² . . .	42,5	43	43,7	44	44,4	53,7
Streckgrenze kg/mm² . . .	24	23,6	24	24,6	25,5	32,3
Dehnung %	21,9	21,8	23,1	22,1	22,7	28,7

Für die richtige Werkstattbehandlung der Legierung ist die Kenntnis ihrer besonderen Eigenschaften notwendig. Die Glühtemperatur zur Erzielung ihres weichsten Zustandes liegt bei $340\cdots 360°$. Die Schmiedetemperatur beträgt $430\cdots 470,°$ wobei mit einer größeren Schlagarbeit als bei Eisen und Stahl gerechnet werden muß. Ursache dieser Erscheinung ist nicht so sehr die geringere Schmiedetemperatur als vielmehr der größere Verformungswiderstand, der auch häufigere Zwischenglühungen notwendig macht.

Ausgehärtet und selbst kalt nachgereckt läßt die Al Cu Mg-Legierung sich kalt biegen bis auf Krümmungsradien der 2 bis 3fachen Blechdicke. Bei Erwärmung über 150° wird die durch die Aushärtung hervorgerufene Festigkeits- und Härtesteigerung wieder rückgängig gemacht. Die Al Cu Mg-Legierung läßt sich löten und schweißen, doch besitzen die Verbindungsnähte, die nur im unaushärtbaren Gußzustand vorliegen, weit geringere Festigkeit als der ausgehärtete Werkstoff. Verbindungen durch Schweißen und Löten sind daher nur bedingt zu empfehlen und möglichst durch Schrauben und Nieten zu ersetzen. Die Nieten vom gleichen Werkstoff sollen unmittelbar nach dem Abschrecken innerhalb der ersten 5 Stunden geschlagen werden, da sie dann am weichsten sind. In den geschlagenen Nieten setzt hierauf durch Kaltauslagern die Festigkeitssteigerung ein, die nach 5 Tagen beendet ist.

Ihres Kupfergehaltes wegen ist die Al Cu Mg-Legierung gegenüber Feuchtigkeit — vor allem Seewasser — und chemischen Einwirkungen nicht beständig. Durch Schutzanstriche, Plattierungen (S. 13) oder Eloxierung (S. 38) wird diese Korrosionsgefahr weitgehend ausgeschaltet.

Die Al Cu Mg-Legierung wird in Blechen, Bändern (Tabelle 6), Rohren, Rund- und Profilstangen, Drähten, Nieten und Schrauben hergestellt. Schmiede- und Gesenkschmiedestücke und Preßteile werden meist im ausgehärteten Zustand geliefert.

Tabelle 6. *Festigkeitswerte der Aluminium-Knetlegierungen für Bleche und Bänder nach DIN 1745*
(s. Fußnote S. 5).

Bezeichnung nach DIN 1725	Bezeichnung für Bestellung	Zustand		Dicke mm Blech [1]	Band	Zugfestigkeit σ_B kg/mm² mindestens	Streckgrenze $\sigma_{0,2}$ kg/mm² mindestens	Bruchdehnung δ_{10} % mindestens	δ_5 % Richtwerte	Brinellhärte HB [2] (möglichst $P=10\,D^2$ anwenden) kg/mm² Richtwerte
AlCuMg	AlCuMg w	Normal-legierung unplattiert	weich	bis 6	bis 3	<25	<14	12	15	unter 60
	AlCuMg F 28		hart [3]	bis 6	bis 3	28	22	2	3	75
	AlCuMg F 40		kalt ausgehärtet und gegebenenfalls nachgerichtet	bis 6	bis 3	40	27	14	16	100
	AlCuMg F 39			über 6 bis 10	—	39	25	13	15	90
	AlCuMg F 38			über 10 bis 20	—	38	24	12	14	90
	AlCuMg F 37			über 20 bis 30	—	37	23	11	12	90
	AlCuMg F 36			über 30 bis 40	—	36	22	10	11	90
	AlCuMg F 44	Hochfeste Legierung unplattiert	kalt ausgehärtet und gegebenenfalls nachgerichtet	bis 6	bis 3	44	29	10	12	110
	AlCuMg F 42			über 6 bis 10		42	27	9	11	100
	AlCuMg F 41			über 10 bis 20		41	26	8	10	100
	AlCuMg F 45		kalt ausgehärtet und kalt verfestigt	bis 6	bis 3	45	32	2	3	120
	AlCuMg pl w	Normal-legierung plattiert [4]	weich			<24	<13	12	14	—
	AlCuMg pl F 27		hart [3]			27	21	2	3	—
	AlCuMg pl F 39		kalt ausgehärtet und gegebenenfalls nachgerichtet	bis 6	bis 3	39	26	14	16	—
	AlCuMg pl F 43	Hochfeste Legierung plattiert [4]	kalt ausgehärtet und gegebenenfalls nachgerichtet	bis 6	bis 3	43	28	10	12	—
	AlCuMg pl F 44			bis 6	bis 3	44	30	2	3	—
AlMgSi	AlMgSi F 11		weich	bis 10	bis 3	11	5	15	18	35
	AlMgSi F 17		hart [3]	bis 6	bis 3	17	15	3	4	55
	AlMgSi F 20		kalt ausgehärtet und gegebenenfalls nachgerichtet	bis 20	bis 3	20	10	12	14	60
	AlMgSi F 20			über 20 bis 40	—	20	10	10	12	60
	AlMgSi F 28		warm ausgehärtet und gegebenenfalls nachgerichtet	bis 20	bis 3	28	18	10	12	80
	AlMgSi F 26			über 20 bis 40	bis 3	26	18	8	10	80
	AlMgSi F 32			bis 60	bis 3	32	25	6	8	90
AlMg 3 Si	AlMg 3 Si F 18		weich	bis 6	bis 3	18	8	15	17	45
	AlMg 3 Si F 23		halbhart			23	14	8	9	65
	AlMg 3 Si F 26		hart			26	18	3	4	75
AlMg 3	AlMg 3 F 18		weich	bis 6	bis 3	18	8	15	17	45
	AlMg 3 F 23		halbhart			23	14	8	9	65
	AlMg 3 F 26		hart			26	18	3	4	75
AlMg 5	AlMg 5 F 24		weich	bis 6	bis 3	24	11	15	17	55
	AlMg 5 F 28		halbhart			28	18	8	9	75
	AlMg 5 F 32		hart			32	24	3	4	90
AlMg 7	AlMg 7 F 28		weich	bis 6	bis 3	28	14	15	17	70
	AlMg 7 F 34		halbhart			34	20	6	7	90
AlMgMn	AlMgMn F 18		weich	bis 10	bis 3	18	8	15	17	45
	AlMgMn F 23		halbhart	bis 10	bis 3	23	14	6	7	55
	AlMgMn F 26		hart	bis 6		26	18	3	4	65
AlMn	AlMn F 9		weich	bis 10	bis 3	9	4	20	22	25
	AlMn F 12		halbhart	bis 10		12	10	5	6	35
	AlMn F 15		hart	bis 10		15	12	3	4	40

[1] Größere Blechdicken werden im sogenannten Walzzustand (Kurzzeichen: wh) geliefert, dessen Festigkeitswerte zwische[n] den Zuständen weich und hart liegen.

[2] Bleche und Bänder unter 0,3 mm Dicke lassen keine genaue Härtebestimmung mehr zu.

[3] Die aushärtbaren Legierungen AlCuMg, AlCuMg pl und AlMgSi sind auch in zwischenharten Zuständen nach verei[n]barten Werten lieferbar.

[4] Die Dicke des Plattierwerkstoffes PlAl beträgt ca. 5% der Blechdicke.

Aluminium-Knetlegierungen, Chemische Zusammensetzungen siehe DIN 1725 Blatt 1. — Bleche aus Aluminium-Kne[t]legierungen, Abmessungen siehe DIN 1783. — Bänder aus Aluminium-Knetlegierungen, Abmessungen siehe DIN 178[4]

Die Korrosionsbeständigkeit der Al Cu Mg-Legierungen, die insbesondere gegen Seewasser bzw. Seeluft nicht sonderlich gut ist, kann durch Aufbringen einer Deckschicht von Reinaluminium oder einer anderen korrosionsbeständigen Aluminiumlegierung wesentlich verbessert werden.

Zum Aufbringen der Deckschicht wird entweder eine Walzbramme aus einer Al Cu Mg-Legierung mit einem Aluminiumblech umhüllt, längere Zeit geglüht und dann warm verwalzt oder das Plattiergußverfahren (S. 40) angewendet. Infolge Verschweißens tritt eine innige Verbindung zwischen Deckschicht und Kernwerkstoff ein (Abb. 10 und 11), so daß ein Loslösen oder Abblättern selbst bei stärksten Biegungen und Verformungen unmöglich ist. Bei Blechen beträgt die Stärke der Deckschicht etwa 5···10% der Gesamtdicke auf jeder Seite. Aber nicht nur Bleche sondern auch Preßstangen und Preßprofile (Abb. 12), gepreßte Formteile (Abb. 13) und selbst Nieten (Abb. 14) können mit Deckschichten hergestellt werden. *Korrosionsversuche* in der Nordsee haben ergeben, daß die Festigkeitseigenschaften von ungeschützten Teilen bereits nach 2 Monaten Einwirkung erheblichen Abfall aufweisen, während die der plattierten Al Cu Mg-Legierung selbst nach 24 Monaten Dauer noch keine Verminderung zeigen (Abb. 15). Bemerkenswert ist weiterhin, daß diese Deckschichten nicht nur den darunterliegenden Kernwerkstoff schützen, sondern noch eine sog. „Fernschutzwirkung" ausüben, d. h. bei Kratzern, Schnittkanten usw. den sonst an solchen Stellen verstärkt auftretenden Korrosionsangriff verhindern. Allerdings muß damit gerechnet werden, daß entsprechend der geringeren Festigkeit der

× 100

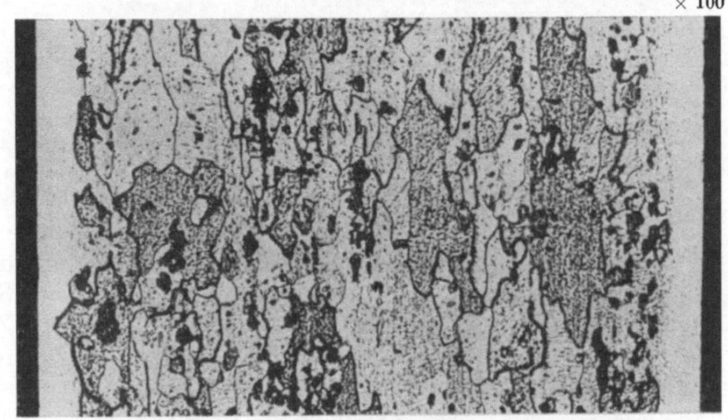

Abb. 10. Beidseitig plattierte AlCuMg-Legierung.

× 200

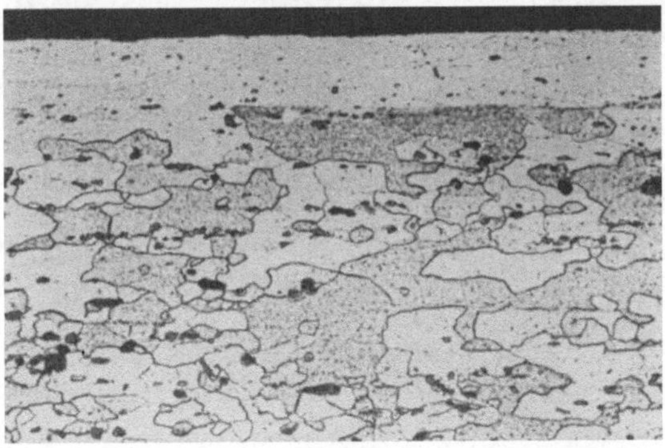

Abb. 11. Übergang der Plattierschicht in den Kernwerkstoff.

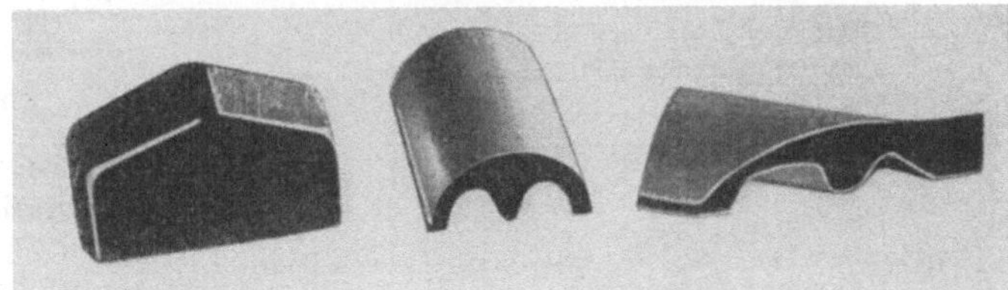

Abb. 12. Plattierte Preßstangen (Ver. Leichtmet.-Werke).

Plattierwerkstoffe auch die Gesamtfestigkeit je nach der Plattierstärke um $5 \cdots 10\%$ geringer ist als die des Kernwerkstoffes. Außer den vorgenannten Plattierschichten können auch zur Erzielung bestimmter Eigenschaften noch andere Plattierungen, wie z. B. mit Reinstaluminium (99,9% Al) oder mit seewasserbeständigen Al Mg-Legierungen u. a., hergestellt werden.

b) Gattung Al Mg Si. Diese Legierungsgruppe umfaßt die Legierungen mit geringem Magnesium- und Siliziumgehalt, jedoch ohne Kupfergehalt. Sie besitzen in weichem Zustand eine gute Verformbarkeit, so daß sie sich für Zieh- und Drückteile in besonderem Maße eignen. Auch lassen sich diese Legierungen bei $520 \cdots 560°$ mit nachfolgendem Warmauslagern bei $155 \cdots 160°$ aushärten und erreichen dabei gute, mittlere Festigkeitswerte. Infolge ihrer Kupferfreiheit besitzen diese Legierungen eine gute Korrosionsbeständigkeit.

In der Elektrotechnik wird die Legierung *Aldrey*[1] (s. Tabelle 16: E Al Mg Si) verwendet, die bei einer um rund 70% höheren Festigkeit als Reinaluminium im hartgezogenen Draht noch eine Mindestleitfähigkeit von $30 \dfrac{\mathrm{m}}{\Omega \cdot \mathrm{mm}^2}$ bei 20° aufweist. Diese Legierung wird nach gründlicher Durchknetung des Gußblockes durch Abschrecken von $500 \cdots 530°$ und Warmauslagern bei $120 \cdots 150°$ ausgehärtet. Die höchsten Gütewerte bei der Herstellung von Leitungsdrähten werden durch starkes Kaltrecken zwischen dem Abschrecken und Warmauslagern erreicht.

Abb. 13. Plattierte Preßteile (Ver. Leichtmet.-Werke).

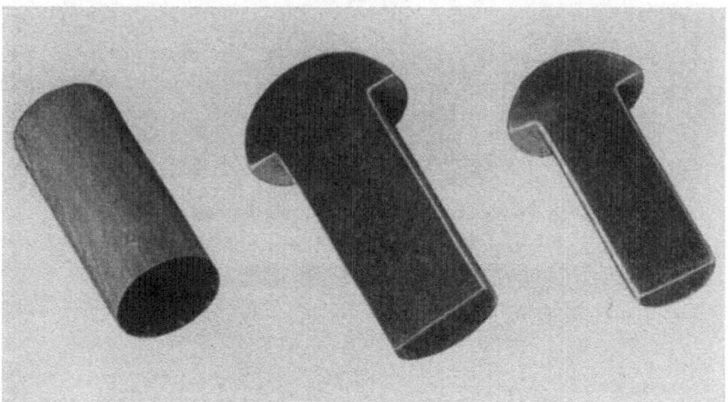

Abb. 14. Plattierte Nieten (Ver. Leichtmet.-Werke).

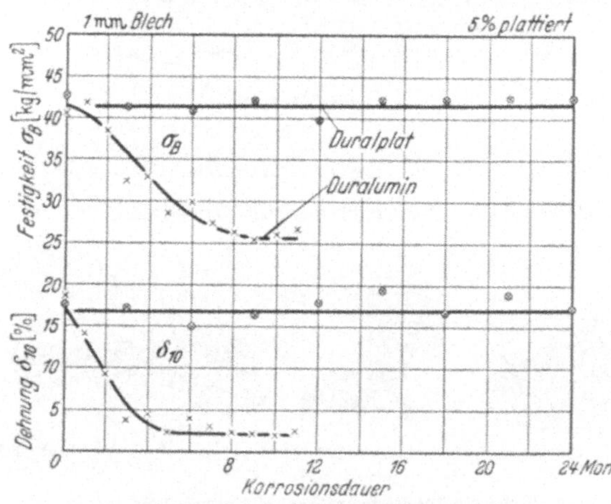

Abb. 15. Festigkeitseigenschaften von Duralplat (Al Cu Mg pl) und Duralumin (Al Cu Mg) bei Korrosion in der Nordsee (Ebbe und Flut) (Dür. Met.-Werke).

---

[1] Siehe Fußnote 3 S. 9.

c) Gattung Al Mg. Diese Legierungsgruppe umfaßt die Legierungen mit hohem Magnesiumgehalt bis zu 10%. Nach dem Zustandsschaubild Abb. 16 kann der Aluminiumkristall bei der eutektischen Temperatur von 451° 15% Mg, bei 300° etwa 6% und bei Raumtemperatur etwa 3% lösen. Das nicht in Lösung gegangene Magnesium ist in den Legierungen als Magnesiumaluminid (Mg_2Al_3) in Form feiner Kriställchen vorhanden. Magnesium ist ein sehr wirkungsvoller Legierungszusatz, der sich besonders dahin auswirkt, daß diese Legierungen auch ohne Aushärtung beachtliche Festigkeitswerte erreichen und dabei eine hohe Korrosionsbeständigkeit, namentlich gegen Seewasser besitzen. Diese Legierungen lassen sich schon bei Zimmertemperatur weitgehendst und, wenn eine Kaltverformung nicht möglich ist, bei 350···450° sehr stark verformen. Die kleinsten Biegehalbmesser betragen das Zweifache der Blechstärke.

Verbindungen von Konstruktionsteilen sind zweckmäßig durch Nieten aus dem gleichen Werkstoff herzustellen, da Nieten aus anderen Aluminiumlegierungen zu örtlichen Korrosionen führen. Al Mg-Legierungen werden autogen mit geeigneten Flußmitteln (s. S. 35) geschweißt, ferner mit dem elektr. Lichtbogen, vorwiegend unter Schutzgas, sowie bei Stangen, Profilen und Rohren im Stumpfstoßverfahren. Die Festigkeit geschweißter Nähte liegt bei rund 90% der Ausgangsfestigkeit und die Dehnung bei 2···5%. Bei längeren Nähten ist zweckmäßig die elektrische Punktschweißung anzuwenden. Die Legierung ist in gepreßten und gezogenen Stangen und Profilen bis zu Wandstärken von 2 mm und darüber, in Rohren und in Blechen bis zu 0,3 mm Dicke herunter lieferbar.

d) Gattung Al Mg Mn. Diese Legierungen haben einen mittleren Magnesium- und geringen Mangangehalt und besitzen eine sehr hohe Beständigkeit gegen chemische Angriffe und besonders gegen Seewasser. Diese Wirkung scheint darauf zu beruhen, daß die Gefügebestandteile keine Lokalelemente bilden, und daß der Antimonzusatz die Bildung einer Schutzschicht bewirkt, die das Weitergreifen einer Korrosion verhindert.

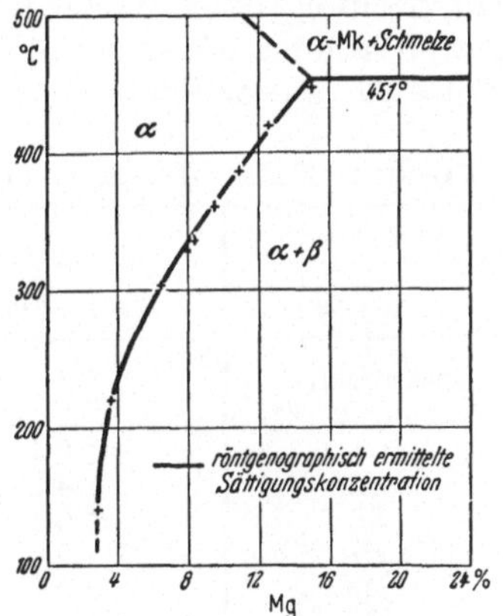

Abb. 16. Zustandsschaubild Aluminium-Magnesium.

Der Schmelzprozeß dieser Legierung erfordert besondere Aufmerksamkeit. Es sind Graphittiegel in gut regulierbaren elektrischen, koks- oder ölgefeuerten Öfen zu verwenden. Schmelztemperatur nicht über 760°. Das Metallbad wird zweckmäßig mit Salmiak oder Chlorzink gereinigt. Die Gießtemperatur soll zwischen 720 und 760° liegen.

Schmiede- und Preßarbeiten sind bei 450° vorzunehmen. Die Legierung läßt sich mit einem Kadmium-Zinklot (25% Kadmium und 75% Zink) zwar auch löten, doch ist die Lötstelle in der Festigkeit geringer und auch weniger korrosionsbeständig als der Werkstoff selbst. Auch autogenes Schweißen mit Azetylen- oder Wasserstoffschweißbrenner ist einwandfrei ausführbar, wobei die Temperatur des Werkstückes 500° möglichst nicht überschreiten soll. Am zweckmäßigsten werden jedoch Verbindungen durch Nieten aus demselben Werkstoff hergestellt und dabei die Nieten kalt geschlagen.

Die Al Mg Mn-Legierung besitzt eine bemerkenswerte Warmfestigkeit, wie aus Tabelle 7 hervorgeht:

Tabelle 7. *Warmfestigkeit der Al Mg Mn-Legierung.*

Prüftemperatur	20°	100°	200°	300°	350°	400°	500°
Zugfestigkeit kg/mm² . . .	18	18	18	17	14	11	6
Dehnung %	2	2	2	3	5	9	27
Brinellhärte kg/mm²	66	66	61	30	23	13	—

Die Legierung wird in Form von Gußstücken, Blechen, Bändern, Rund- und Profilstangen, Rohren, Drähten und Nieten, hergestellt. Hauptanwendungsgebiete sind der Seeschiffbau und Luftfahrzeugbau, die Salzindustrie, die chemische und Nahrungsmittelindustrie.

e) Gattung Al Mn. Diese Legierungsgruppe umfaßt die Legierungen mit geringem Mangangehalt, bei denen die Festigkeit höher ist als beim Reinaluminium, und die eine gute Korrosionsbeständigkeit besitzen.

f) Gattung Al Cu Ni. Diese Legierungsgruppe umfaßt die Legierungen mit einem Kupfer- und Nickel- und geringen Magnesiumgehalt, die auch bei $500 \cdots 520°$ mit nachfolgendem Warmauslagern bei $155 \cdots 160°$ ausgehärtet werden und eine gute Warmfestigkeit besitzen. Sie werden daher auch gern für Zylinderköpfe, Kolben u. ä. vorzugsweise in Form von Schmiede- und Preßstücken verwendet.

Tabelle 8. *Zusammensetzung und Gütewerte der Al Zn Mg- und Al Zn Mg Cu-Legierungen.*

Kurzzeichen	Al Zn Mg			Al Zn Mg Cu		
Halbzeug	Bleche, Bänder	Stangen, Rohre Profile		Bleche Bänder	Stangen, Rohre Profile	
Zusammen-setzung in %						
Cu	< 0,1	< 0,1			1,8	
Zn	4,5	4,8			5,8	
Si	< 0,4	< 0,4			< 0,4	
Mn	0,6	0,8			< 0,3	
Mg	2,8	3,0			2,7	
Fe	< 0,5	< 0,5			< 0,5	
Al	Rest	Rest			Rest	
Zustand *	V	VW	gepreßt VW	gezogen VW	VW	gepreßt VW	gezogen VW
Streckgrenze kg/mm²	28⋯32	36⋯48	35⋯55	35⋯54	44⋯52	46⋯49	44⋯56
Zugfestigkeit kg/mm²	42⋯49	46⋯52	45⋯60	45⋯59	51⋯60	50⋯64	51⋯62
Bruchdehnung δ_{10}%	20⋯13	15⋯9	14⋯6	16⋯6	13⋯7	13⋯5	13⋯6
Brinellhärte kg/mm²	105⋯125	115⋯130	115⋯150	115⋯150	130⋯170	120⋯170	130⋯170
E-Modul kg/mm²		7200			7200		
Spez. Gewicht g/cm³		2,8			2,8		

* V = kaltgehärtet.
VW = warmausgehärtet.

g) Gattung Al Zn Mg und Al Zn Mg Cu (Tabelle 8). In den Werkstoffnormen sind diese Legierungstypen noch nicht enthalten, ihre Aufnahme steht jedoch bevor. Die Halbzeuge dieser Gattung, die sich durch außerordentlich hohe Festigkeitseigenschaften auszeichnen, finden bereits Verwendung im Flugzeugbau für die Herstellung von Motorträgern, Holmgurten und anderen hochbeanspruchten Bauelementen, im Bergbau für die Herstellung von Grubenstempeln. Auch der allgemeine Maschinenbau und Fahrzeugbau bedienen sich dieser Werkstoffe in steigendem Maße.

Die Gattung Al Zn Mg steht in bezug auf Korrosionssicherheit den anderen kupferfreien Al-Legierungen kaum nach; dagegen ist die Al Zn Mg Cu-Legierung weniger korrosionsfest. Beide Typen sind infolge ihrer hohen Festigkeitswerte empfindlich gegen Spannungskorrosion, der man aber durch bestimmte Legierungszusätze und geeignete Abschreckbedingungen begegnet. Bei der Konstruktion muß bedacht werden, daß die Kerbempfindlichkeit, wie bei allen hochgezüchteten Legierungen, in gleichem Maße steigt wie die Streckgrenze und Festigkeit.

In der Verarbeitbarkeit gleichen beide Legierungen der Al Cu Mg-Legierung. Für spanabhebende Verarbeitung ist möglichst der warmausgelagerte Zustand vorzusehen.

2. Aluminium-Gußlegierungen[1]. Die vorgenannten Leichtmetallgattungen für Knetlegierungen werden zum Teil auch als Gußlegierungen verwendet. Die zugehörigen Zustandsschaubilder sind dementsprechend dort einzusehen.

a) Gattung G Al Si. Diese Legierungsgruppe mit hohem Siliziumgehalt besitzt ausgezeichnete Gießeigenschaften, ist schweißbar und ist für Sand- und Kokillenguß bis zu den schwersten Gußstücken geeignet. Als Sandguß hergestellt muß die Legierung in jedem Falle bei etwa 720···780° veredelt werden, die Gießtemperatur soll 700° nicht unterschreiten. Wegen ihres geringen Schwindmaßes von 1···1,14%, ihrer guten Dünnflüssigkeit und ihres guten Formfüllungsvermögens eignet sie sich in besonderem Maße für Kokillenguß. Infolge der Abschreckwirkung der Kokille wird hier bereits das erwünschte feinkörnige Gefüge mit den höchsten Festigkeitswerten erreicht, so daß in den meisten Fällen eine Veredlung überflüssig ist. Um zu große Abschreckwirkung der Kokille, die zu niedrige Dehnungswerte zur Folge hat, zu mildern, kann der Si-Gehalt durch Aluminiumzusatz bis auf 11% heruntergedrückt werden. Die Kokillen werden auf etwa 350° angewärmt; sie bestehen meist aus weichem Grauguß und die Kerne aus SM-Stahl. Die Legierung wird zweckmäßig in Graphittiegeln erschmolzen. Eisentiegel sind wegen der Gefahr einer schädlichen Eisenaufnahme nicht zu verwenden.

Bei Temperaturen über 150° gehen die Festigkeitswerte der G Al Si-Legierung stark zurück. Daher sollte man bei 150° mit 10facher, bei 200° mit 14facher und bei 250° mit 18facher Sicherheit (bezogen auf die Festigkeitswerte bei Raumtemperatur) rechnen. Die höchste zulässige Betriebstemperatur für Konstruktionsteile soll 250° nicht überschreiten.

Durch Zusatz von etwa 0,8% Cu findet die G Al Si (Cu)-Legierung für dünnwandige, verwickelte, höher beanspruchte und schwingungsfeste Kokillengußteile z. B. Motorengehäuse Verwendung.

Die Legierung G Al Si5 Cu 1 entspricht in ihrer Verwendung den vorgenannten Legierungen. Sie kann durch Aushärtung — 4 Std. Lösungsglühen bei 520° mit anschließendem Abschrecken in Wasser und 8···10stündiger Warmauslagerung bei 160···165° — in ihren Festigkeitswerten gesteigert werden.

b) Gattung G Al Si Mg. Durch Zusatz von ~0,3% Mg und ~0,5% Mn zur Gattung G Al Si entsteht eine aushärtbare Gußlegierung mit ausgezeichneten Gießeigenschaften und guter, chemischer Beständigkeit. Bei dünnwandigen Gußteilen genügt allein schon das Anlassen, um eine gewisse Steigerung der Festig-

---

[1] Din 1725 Blatt 2 u. Tabelle 17 S. 48—52.

keitseigenschaften zu erreichen. Bei Sandguß und starkwandigem Kokillenguß tritt die volle Wirkung der Festigkeitssteigerung durch das Aushärten (siehe vorigen Abschnitt) ein.

Die Verwendungsmöglichkeit der Legierung ist wegen ihrer guten Gießfähigkeit, die Wandstärken bis zu 3 mm herunter zuläßt und wegen ihres dichten Gefüges in Verbindung mit ihren guten Festigkeitseigenschaften außerordentlich vielseitig. Weitere Anwendungsgebiete sind ihr auch wegen ihrer Korrosionsbeständigkeit in der chemischen Industrie, im Schiffbau und im Bauwesen erschlossen.

c) Gattung G Al Mg Mn, G Al Mg 3 und G Al Mg 5. In dieser Legierungsgruppe sind die Aluminium-Gußlegierungen mit höherem Magnesiumgehalt, die zum Teil außer Mangan auch noch geringere Zusätze von Si, Cr und Ti enthalten, zusammengefaßt. Das bestimmende Al Mg Zustandsschaubild (Abb. 16) ist bereits auf S. 15 beschrieben. Die Legierungen besitzen eine sehr gute chemische Beständigkeit, die insbesondere gegen Seewasser und schwach alkalische Lösungen größer ist als bei Reinaluminium und anderen Aluminiumlegierungen. Sie werden als Sand- und Kokillenguß hergestellt und im unbehandelten, homogenisierten und außer G Al Mg 5 auch im ausgehärteten Zustand geliefert, wodurch ihre Festigkeitseigenschaften in weiten Grenzen verändert werden können.

d) Gattung G Al Si 5 Mg. Diese Legierungsgruppe umfaßt die Gußlegierungen mit mittlerem Silizium- und geringem Magnesium-Gehalt und wird als Sand- und Kokillenguß hergestellt. Durch Aushärten — Abschrecken von $510 \cdots 530°$ mit nachfolgendem Warmauslagern bei $155 \cdots 160°$ — werden beachtliche Festigkeitswerte erreicht, so daß sich verwickelte, hochbeanspruchte Gußstücke hieraus herstellen lassen. Außerdem besitzen die Legierungen dieser Gattung eine gute chemische Beständigkeit. Sie eignen sich daher für die Verwendung in der chemischen und Nahrungsmittel-Industrie sowie für den Apparatebau.

3. Kolbenlegierungen (Tabelle 9). Ein wichtiges Anwendungsgebiet für Leichtmetalle sind die Kolben bei Verbrennungskraftmaschinen, besonders bei Automobil- und Flugmotoren. An diesen lebenswichtigen Konstruktionsteil werden sehr hohe Anforderungen gestellt, die allesamt restlos zu erfüllen sich kein Werkstoff rühmen kann; doch haben sich immerhin eine Anzahl sorgfältig erprobter Leichtmetalllegierungen hierfür gut bewährt. Neben dem Werkstoff spielt die konstruktive Gestaltung des Kolbens eine ausschlaggebende Rolle, auf die im Rahmen dieses Büchleins aber nicht eingegangen werden kann. Von der Werkstoffseite her kommt es auf folgende Punkte an: das *spezifische Gewicht* muß möglichst niedrig sein, um geringe Massenbeschleunigung zur Erreichung hoher Drehzahlen zu bekommen. Die *Wärmeausdehnung* muß gering sein, damit das Kolbenspiel sehr klein gehalten werden kann, um das Klappern der kalten bzw. das Fressen der warmen Kolben zu verhindern. Die *Wärmeleitfähigkeit* dagegen soll möglichst hoch sein, da der Kolbenboden sonst überhitzt wird oder gar durchbrennt. Die *Verschleißfestigkeit* muß genügend groß sein, damit Kolben und Zylinder sich nicht rasch abnutzen. Und schließlich muß die *Warmhärte*, d. i. die Härte bei der Betriebstemperatur des Kolbens, möglichst hoch sein, damit der Boden nicht beschädigt wird und die Ringnuten nicht ausgeschlagen werden. Die Betriebstemperaturen liegen je nach der Konstruktion der Kolben am Kolbenboden etwa zwischen 200 und 300° und am Kolbenmantel etwa zwischen 150 und 200°. Die Härtewerte der einzelnen Kolbenwerkstoffe im gegossenen und gepreßten Zustand liegen etwa in folgendem Bereich (Tabelle 10), wobei die untere Grenze nach 100stündiger Erhitzung auf Prüftemperatur und die obere Grenze nach einer einstündigen Erhitzung ermittelt wird.

Tabelle 9. *Kolbenlegierungen. Zusammensetzung, mechanische und physikalische Eigenschaften.*

Kurzzeichen	Al Si 12 Cu Ni		Al Si 21 Cu Ni		Al Si 25 Cu Ni
Zusammensetzung in %					
Si	11···13		20···22	19···21	23···25
Cu	0,8···1,5		1,4···1,8	1,3···1,7	0,8···1,3
Ni	0,8···1,3		1,4···1,6	< 0,5	0,8···1,3
Mg	0,8···1,3		0,4···0,8	1,3···1,7	0,8···1,3
Fe	< 0,7		< 0,7	< 0,7	< 0,7
Ti	< 0,2		< 0,2	—	< 0,2
Mn	< 0,2		0,6···0,8	0,4···0,6	< 0,2
Zn	< 0,2		< 0,2	< 0,2	< 0,2
Co	—		0,5···1,2	—	0,3···0,5
Cr	—		—	—	—
Al	Rest		Rest	Rest	Rest
Zustand *	G	P	G	G	G
Streckgrenze kg/mm²**	18···21	30···36	17···20	17···20	17···20
Zugfestigkeit kg/mm²**	20···24	34···40	18···22	18···23	18···22
Bruchdehnung $\delta 5\%$ **	0,30···1,0	2···4	0,2···0,5	0,2···0,5	0,1···0,3
Brinellhärte kg/mm²	90···125	100···130	90···120	90···115	90···120
Wechselbiegefestigkeit kg/mm²**	7···9	11···14	8···10	7···9	7···9
Warmfestigkeit kg/mm²**					
bei 150°	16···20	23···30	15···19	15···19	15···18
bei 250°***	8···12	10···17	9···13	8···12	9···12
Warmhärte kg/mm²					
bei 150°	75···95	70···105	80···105	80···100	80···100
bei 250°***	35···50	35···55	50···70	40···60	45···60
E-Modul kg/mm²	7500	7500	8600	8600	8600
Spez. Gewicht	2,70	2,70	2,68	2,64	2,64
Wärmeleitfähigkt. cal/cm sec °C	0,30···0,32	0,32···0,34	0,26···0,28	0,27···0,29	0,24···0,26
mittl. lin. Wärmeausdehnung 20···200° cm/cm °C 10⁻⁶	20···21		17···18	18···19	16···17

* G = Kokillenguß, P = gepreßt und jeweils besonders wärmebehandelt.
** Die angegebenen Festigkeitswerte gelten bei den gegossenen Legierungen für getrennt in Kokille gegossene Probestäbe bis 15 mm $\varnothing$.
*** Untere Grenze bei 100 Stunden Erhitzung auf Prüftemperatur, obere Grenze bei 1 Stunde Erhitzung auf Prüftemperatur.

Die Prüfbedingungen, unter denen die Warmhärte durch Kugeldruckversuche festgestellt wird, können die Ergebnisse wesentlich beeinflussen, so daß Warmhärtewerte aus Prospekten ohne nähere Angaben über die Art der Erwärmung des Prüfstückes und die Dauer der Belastung nicht ohne weiteres vergleichbar sind und zu Trugschlüssen führen können. Zu gleichmäßigen und vergleichbaren Ergebnissen gelangt man, wenn der Prüfling im Öl- oder Metallbad auch während der Prüfdauer von mindestens 1 min erwärmt wird.

Tabelle 10.

Temp.	Kugeldruck-härte
20°	90—130
150°	70—110
250°	35—70

Die Normung der hauptsächlichsten Kolbenlegierungen ist praktisch abgeschlossen und wird in etwa der Tabelle 16 entsprechen. Als Hauptbestandteil enthalten die Legierungen Silizium.

Dieses hat sich als ein sehr wirksamer Zusatz herausgestellt, da derartige Kolbenlegierungen einen niedrigen Wärmeausdehnungsbeiwert und eine hohe Verschleißfestigkeit aufweisen. Der Gefügeaufbau der hochsiliziumhaltigen Legierungen gewährleistet auch gute Laufeigenschaften, da er wie bei guten Lagermetallen aus einer weichen Grundmasse mit eingelagerten, harten Kristallen besteht. Abb. 17 zeigt das Gefüge einer solchen Legierung, die feine eutektische und größere übereutektische Siliziumkristalle und außerdem einige Schwermetallaluminide (dunkle Einlagerungen) enthält.

Die Leichtmetallkolben werden selten noch als Sandguß, dagegen überwiegend als Kokillenguß oder in gepreßter Form hergestellt. Zum Teil werden die fertigen Kolben auch ausgehärtet (von rund 500° abgeschreckt und bei rund 200° mehrere Stunden angelassen), wodurch Festigkeit und Härte gesteigert und etwa vorhandene

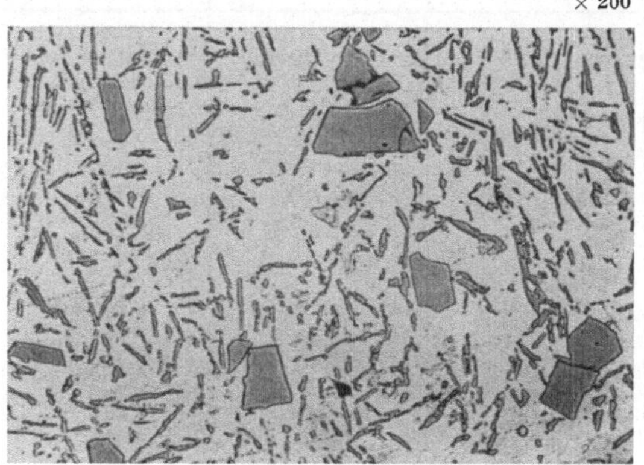

Abb. 17. Schliffbild einer Al Si 21 Cu Ni-Kolbenlegierung.

Spannungen beseitigt werden und konstantes Volumen auch bei hoher thermischer Beanspruchung erreicht wird, d. h. also die Neigung zum nachträglichen Wachsen im Betriebe beseitigt wird. Man muß sich natürlich darüber klar sein, daß die durch die Aushärtung erzielte Anfangshärte bei Betriebstemperaturen über 200°, was hauptsächlich am Kolbenboden der Fall ist, wieder verlorengeht. Immerhin bleibt die Härtesteigerung an den kühleren Stellen des Kolbenmantels auch während des Betriebes erhalten, was gewisse Vorteile für die Gleiteigenschaften bedeutet.

Kolbenboden und Kolbenschaft können zur Erhöhung der Laufeigenschaften und zur Verminderung des Verschleißes Oberflächenbehandlungen unterworfen werden, z. B. Verzinnen, Verbleien, Eloxieren oder Verchromen. Zur Regelung der Wärmeausdehnung werden Eisenteile in Form von Streifen oder Ringen eingegossen.

4. Automatenlegierungen. Die vorgenannten in DIN 1725 genormten Aluminiumlegierungen sind für die spanabhebende Bearbeitung nicht sonderlich geeignet, da sie verhältnismäßig lange, zähe und lockige Späne ergeben, die eine Verarbeitung auf Automaten sehr erschweren. Außerdem sind sie überhaupt nur bei Verwendung von Sonderwerkzeugen und genügend hohen Schnittgeschwindigkeiten (S. 30) einwandfrei zerspanbar, so daß die üblichen Automaten, auf denen bisher die bekannten Automaten-Messinglegierungen verarbeitet wurden, nicht zu verwenden waren. Aus diesen Gründen sind in den letzten Jahren als Austauschwerkstoffe eine Reihe von brauchbaren Leichtmetall-Automatenlegierungen entwickelt worden (s. Tabelle 16, S. 46). Bei diesen Legierungen können die für Messing üblichen Werkzeuge, Schnittgeschwindigkeiten, Vorschübe und Schmiermittel beibehalten werden, und es ergeben sich einwandfreie, glatte Oberflächen. Diese Leichtmetall-Automatenlegierungen sind auf Al Cu Mg-, Al Mg Si- und Al Mg-Basis nach DIN 1725 aufgebaut, enthalten aber ein oder mehrere Zusätze von Komponenten, u. a. Blei, die einen kurzen spritzigen bzw. bröckelnden Span hervorrufen. Diese Legierungen werden als Stangen, Profile, aber auch als Rohre und Gesenkpreßteile hergestellt; als Schmiermittel dienen wasserlösliche Bohröle, Seifenlösungen, Petroleum, Terpentin und Seifenspiritus.

5. Aluminium-Druckgußlegierungen (s. Tabelle 17, S. 48). Die Druckgußlegierungen sind in DIN 1725 genormt und in ihrer Zusammensetzung so gewählt, daß sie den besonderen Anforderungen des Druckgußverfahrens gewachsen sind. Infolge der Unnachgiebigkeit der Metallformen müssen diese Legierungen ein niedriges Schwindmaß und eine hohe Warmfestigkeit besitzen, um die während der Erstarrung in der Form auftretenden Spannungen ohne Warmrisse aufnehmen zu können. Für Gußstücke mit guter Festigkeit ist die Druckgußlegierung G D Al-Si-Cu mit höherem Silizium- und Kupfergehalt geeignet. Für Gußstücke, die Zähigkeit und chemische Beständigkeit besitzen sollen, werden die siluminähnlichen Legierungen G D Al-Si 13 bzw. G D Al-Si 7 mit hohem Siliziumgehalt verwendet. Bei stärkerer Korrosionsbeanspruchung ist die Legierung G D Al-Mg-Si zu wählen, während für Gußstücke mit hoher chemischer Beständigkeit die Legierung G D Al-Mg 9 in Frage kommt. Werden besondere Ansprüche an die Korrosionsbeständigkeit gestellt, dann muß der bis 1,8% zulässige Eisengehalt möglichst niedrig gehalten werden.

6. Übrige Aluminiumlegierungen. Die vorstehend genannten Aluminiumlegierungen haben ihre Brauchbarkeit vielfach bewiesen, so daß alle praktischen Bedürfnisse mit dieser Legierungsauswahl befriedigt werden müßten. Zweifellos sind wohl auch die Legierungsmöglichkeiten mit allen übrigen Elementen zur Herstellung von Aluminiumlegierungen mehr oder weniger ausprobiert worden; jedoch haben alle diese Versuche zu keiner Legierung mit Eigenschaften geführt, die nicht auch von den bewährten, vorgenannten Aluminiumlegierungen einfacher und billiger zu erreichen sind. Deshalb haben solche Leichtmetallegierungen bisher keine weitere Verbreitung in der Technik gefunden.

Eisen ist ein ständiger Begleiter des Aluminiums und in geringen Mengen als Verunreinigung anzusehen. Als Legierungszusatz ist es ungeeignet, da es das Aluminium hart und spröde macht, so daß es technisch brauchbare Legierungen dieser Art nicht gibt. Dies beruht darauf, daß Eisen praktisch im Aluminium unlöslich ist und mit ihm eine harte und spröde Kristallart, das Eisenaluminid $FeAl_3$, bildet.

Aluminium-*Silber*-Legierungen werden von der Atmosphäre nicht angegriffen, so daß 4% Silber enthaltendes Aluminium in der Feinmechanik zur Anfertigung von Waagebalken, Spiegelsextanten u. dgl. und in der Zahntechnik verwendet wird. Eine 3proz. Aluminium-Silber-Legierung hat sich für feine Uhrfedern bewährt, und für Haushalt- und Tafelgeräte besteht als Ersatz für Reinsilber eine Legierung mit $33\frac{1}{3}$% Silber.

Zusätze von Nickel, Kobalt, Molybdän und Wolfram machen das Aluminium spröde, so daß hieraus noch keine technisch brauchbaren Legierungen entstanden sind. Zinn wirkt zwar auf die mechanischen Eigenschaften günstig ein, doch besitzen derartige Legierungen keine Korrosionsbeständigkeit. Blei, Wismut und Kadmium legieren sich mit Aluminium gar nicht.

C. Magnesium.

Magnesium ist das leichteste Nutzmetall, das in Deutschland ausschließlich aus heimischen, in großen Mengen in der Erdkruste vorkommenden Rohstoffen hergestellt werden kann. Für die technische Gewinnung des Magnesiums kommen hauptsächlich der Magnesit, ein Magnesiumkarbonat ($MgCO_3$), der Dolomit, ein Magnesium-Kalzium-Karbonat ($CaCO_3 \cdot MgCO_3$) und der Karnallit, ein wasserhaltiges Magnesium-Kalium-Chlorid ($MgCl_2 \cdot KCl \cdot 6\,H_2O$) in Frage. Industriell wird Magnesium heute fast ausschließlich auf elektrolytischem Wege hergestellt, durch Elektrolyse von geschmolzenen Magnesiumsalzen, insbesondere den Chloriden. Das auf diese Weise gewonnene Rohmaterial besitzt zwar schon einen hohen Reinheitsgehalt, doch werden die noch verbliebenen Spuren von Aluminium, Eisen und Silizium sowie die chlorid-, oxyd-, nitrid- und sulfidhaltigen Verunreinigungen durch ein besonderes Raffinationsverfahren — Durchwaschen des flüssigen Metalles mit einem Salzgemisch — so weit entfernt, daß ein Reinheitsgehalt von etwa $99{,}8 \cdots 99{,}9\%$ erzielt wird. Seine physikalischen Eigenschaften sind:

$$
\begin{aligned}
&\text{Spezifisches Gewicht} &&1{,}74\ \mathrm{g/cm^3} \\
&\text{Schmelzpunkt} &&650° \\
&\text{Siedepunkt} &&\text{rund } 1100° \\
&\text{Wärmeausdehnungsbeiwert} &&25{,}5 \cdot 10^{-6}\ (\text{von } 0 \cdots 100°) \\
&\text{Wärmeleitfähigkeit} &&> 0{,}35\ \frac{\mathrm{cal}}{\mathrm{cm \cdot s \cdot Grad}}\ \text{bei } 20° \\
&\text{Spezifische Wärme} &&0{,}25\ \frac{\mathrm{cal}}{\mathrm{g \cdot Grad}} \\
&\text{Elektrische Leitfähigkeit} &&22\ \frac{\mathrm{m}}{\Omega \cdot \mathrm{mm^2}}\ \text{bei } 20°
\end{aligned}
$$

Reinmagnesium kommt als technischer Baustoff kaum in Betracht, da seine geringen Festigkeitseigenschaften hierzu keinen Anreiz bieten. Durch Zulegieren verhältnismäßig geringer Mengen von Aluminium, Kupfer, Zink u. a. entstehen aber äußerst brauchbare und wichtige Magnesiumlegierungen.

Weiterhin hat das Magnesium auch als Legierungszusatz zu Aluminium und Aluminiumlegierungen zwecks Erhöhung der mechanischen und thermischen Eigenschaften und Herbeiführung von Aushärtungseffekten besondere Bedeutung erlangt; mit den Schwermetallen dagegen ist die Legierungsbildung gering, verschlechtert sogar bisweilen die Gieß-, Korrosions- und Verarbeitungseigenschaften. Magnesium bzw. gewisse Magnesiumlegierungen werden auch als Desoxydationsmittel für Schwermetall- und Eisenschmelzen empfohlen. Ferner benutzt man noch Magnesiumpulver, das bei der Verbrennung ein außerordentlich intensives, weißes Licht ausstrahlt, zur Herstellung von Fackeln, Blitzlichtpulver, in der Feuerwerkerei und zu anderen ähnlichen Zwecken.

D. Magnesiumlegierungen.

Magnesium wird durch Zusatz von Aluminium, Kupfer, Zink, Mangan u. a. in Magnesiumlegierungen verwandelt, die sich als Baustoffe mit geringstem spezifischem Gewicht und ausgezeichneten Festigkeitseigenschaften bereits weiten Eingang in die Technik verschafft haben; sie sind in DIN 1729[1] genormt worden. Die ersten Mg-Legierungen wurden mit „Elektron" und „Magnewin" bezeichnet[2]. Wenn anfänglich diesem neuen Leichtmetall wegen seiner angeblichen Feuergefährlichkeit und ungünstigen Korrosionsbeständigkeit mit großem Mißtrauen begegnet wurde, so sind heute nach jahrelanger, sorgfältigster Entwicklungsarbeit diese Bedenken als überholt anzusehen. Für die richtige und zweckmäßige Verwendung der Magnesiumlegierungen ist die Kenntnis ihrer besonderen Eigenschaften von großer Wichtigkeit und oftmals für den Erfolg ausschlaggebend.

---

[1] Siehe Tabelle 18 S. 53.
[2] Siehe Fußnote 3 S. 9.

Die physikalischen Eigenschaften der Magnesiumlegierungen besitzen je nach Legierung folgende Werte:

$$\begin{array}{ll}
\text{Spezifisches Gewicht} & 1{,}75 \cdots 1{,}83 \text{ g/cm}^3 \\
\text{Schmelzpunkt, oberer} & 650 \cdots 610^\circ \\
\text{,,} \qquad \text{unterer} & 645 \cdots 400^\circ \\
\text{Wärmeausdehnungszahl} & 26 \cdot 10^{-6} \text{ (von } 20 \cdots 100^\circ) \\
\text{Wärmeleitfähigkeit} & 0{,}18 \cdots 0{,}36 \ \dfrac{\text{cal}}{\text{cm} \cdot \text{s} \cdot \text{Grad}} \text{ (von } 10 \cdots 100^\circ) \\
\text{Spezifische Wärme} & 0{,}25 \ \dfrac{\text{cal}}{\text{g} \cdot \text{Grad}} \\
\text{Elektrische Leitfähigkeit} & 6 \cdots 20 \ \dfrac{\text{m}}{\Omega \cdot \text{mm}^2} \text{ bei } 20^\circ
\end{array}$$

1. Magnesium-Knetlegierungen. a) Preß- und Schmiedelegierungen. Die Verarbeitung der Magnesiumlegierungen zu Rohren, Stangen und Profilen wird ausschließlich auf hydraulischen Strangpressen bei einer Preßtemperatur von $300 \cdots 400^\circ$ vorgenommen. Auch Gesenkpreßteile und Schmiedestücke lassen sich einwandfrei herstellen.

Die in DIN 1729 aufgeführten Legierungen Mg Mn 2 und Mg Al 3 Zn 1 lassen sich gut verformen und sind schweißbar. Bei der Legierung Mg Al 6 Zn 1 ist das Schweißen nur noch beschränkt möglich, dagegen eignet sie sich ebenso wie die Legierung Mg Al 7 Zn 1 für hochbeanspruchte Schmiedestücke, z. B. Motorträger. Durch Homogenisieren bzw. Aushärtung können die Festigkeitswerte dieser Legierungen beträchtlich gesteigert werden. Für den allgemeinen Maschinenbau, z. B. Bürobedarf, wird die Legierung Mg Zn 4 verwandt. Hieraus gefertigte Teile können auch farbig gebeizt werden. Die Legierung Mg Zr 1 gleicht der Legierung Mg Mn 2, sie ist gut schweißbar und korrosionsbeständig.

b) Blechlegierungen. Bleche und Bänder aus Magnesiumlegierungen werden, da ihre Kaltformbarkeit verhältnismäßig gering ist, hauptsächlich warmgewalzt. Tabelle 11 enthält die Temperaturen für das Warmwalzen bzw. für die Zwischenglühungen während des Walzens für die einzelnen Mg-Legierungen:

Tabelle 11. *Warmwalz- u. Weichglühtemperaturen für Mg-Legierungen.*

Legierung	Mg Al 2 Zn 1	Mg Al 6 Zn 1	Mg Mn 2
Warmwalztemperaturen . .	$260 \cdots 370^\circ$	$280 \cdots 320^\circ$	$250 \cdots 500^\circ$
Weichglühtemperaturen . .	$300 \cdots 370^\circ$	$280 \cdots 320^\circ$	$320 \cdots 500^\circ$

Die vom Walzen und Glühen stammende unsaubere Oberfläche wird teils mechanisch durch Bürsten oder Schleifen und teils chemisch durch Beizen in Salpetersäure entfernt. Anschließend wird eine Schutzbeizung in $10 \cdots 15$ Gew.% konz. Salpetersäure, $6 \cdots 10$ Gew.% Kalium- oder Natriumbichromat, Rest Wasser vorgenommen, die eine messingfarbene bis bräunliche Oberflächenschicht hervorruft und eine gute Unterlage für Anstriche sowie einen wirksamen Schutz gegen Oberflächenkorrosion bildet.

Verformungsarbeiten an Blechen und Bändern dürfen nur im warmen Zustand, und zwar bei $280 \cdots 330^\circ$, vorgenommen werden. Eine Ausnahme hiervon macht lediglich die Legierung Mg Mn 2, die auch eine Kaltverformung bei einem fünffachen Biegeradius der jeweiligen Blechstärke zuläßt. Bei Biegearbeiten im Schraubstock können zur Erwärmung offene Gas- und Azetylenflammen mit Preßluft oder Lötlampen benutzt werden. Die richtige Bearbeitungstemperatur kann schnell und einfach durch einige auf das Blech aufgebrachte Tropfen Maschinenöl festgestellt werden, dessen Flammpunkt bei ~300° liegt. Werkzeuge und Einspannvorrichtungen sind ebenfalls auf 300° zu erwärmen oder gegebenenfalls mit einem Asbest- oder Hartholzfutter zu versehen, um eine zu schnelle Wärmeabfuhr und damit ein Erkalten der Bleche zu verhindern. Bei Drückarbeiten können die Formen und Gesenke, wenn bei kleineren Stückzahlen keine zu starke Abnutzung zu befürchten ist, auch in Hartholz oder Mg-Gußlegierung ausgeführt werden.

Profile aus Blechstreifen werden durch Ziehen, bei offenen Profilen auch durch Profilrollen oder durch Vereinigung beider Verfahren hergestellt. Unmittelbar vor den Ziehwerkzeugen, die auch auf 300° erwärmt werden müssen, ist zweckmäßig ein Glühofen mit genauer Temperaturkontrolle vorzusehen. Die Ziehgeschwindigkeit beträgt bei Blechen bis zu 2 mm 4···5 m/min und bei stärkeren Blechen 2···3 m/min. Als Schmiermittel verwendet man Öl mit genügend hohem Flammpunkt — etwa $^2/_3$ Maschinenöl und $^1/_3$ Heißdampfzylinderöl — oder auch eine Mischung von Bienenwachs und Hammeltalg zu je gleichen Teilen.

Bleche aus Mg-Legierungen lassen sich ohne Schwierigkeit tiefziehen, wenn für Erwärmung der Werkzeuge auf 450···500° gesorgt und die Ziehgeschwindigkeit von 2 mm/s nicht überschritten wird.

In beschränktem Umfange sind auch Biegearbeiten in kaltem Zustande (bei Raumtemperatur) ausführbar, wofür folgende Richtwerte gelten können:

Blechstärke	0,6 mm	1,0 mm	1,5 mm	2,0 mm
Krümmungsradien	2,5...3 mm	7,0 mm	11,0 mm	20,0 mm

Bleche der Legierung Mg Mn 2 weisen keine hohen Festigkeitswerte auf, dafür sind sie aber unbegrenzt schweißbar, gut korrosionsbeständig und in der Wärme leicht formbar, so daß es der gegebene Werkstoff für Karosserie-, Motor- und Rumpfverkleidungen, sowie für alle Arten von Behältern, wie Öl- und Benzintanks usw. ist. Mg Al 3 Zn 1-Bleche sind verformbar und ätzbar und eignen sich daher für Prägeteile und Ätzplatten. Die Legierung Mg Al 6 Zn 1 besitzt höhere mechanische Werte und ist für stärker beanspruchte Bauteile zu verwenden. Sie besitzt jedoch nur beschränkte Schweißbarkeit. Die Legierung Mg Zr 1 zeichnet sich durch gute Schweißbarkeit und Korrosionsbeständigkeit aus.

2. Magnesium-Gußlegierungen[1]. a) Sandguß. Die Magnesium-Gußlegierungen sind besonders geeignet zur Herstellung von Sandguß. Zum Schmelzen und Gießen müssen jedoch besondere Vorschriften sorgfältig beachtet werden, um einwandfreie Gußstücke zu erzielen. Die nichtmetallischen Verunreinigungen an Oxyden, Nitriden und Chloriden müssen möglichst aus der Schmelze entfernt werden, da sie die Ausgangspunkte für spätere Korrosionen bilden. Das Metall wird, da sich Magnesium und Eisen nicht nachweisbar legieren, in Eisentiegeln erschmolzen und mit einem Schmelzsalz raffiniert. Mit diesem Salz, das aus einem Gemisch von Magnesiumchlorid, Flußspat und Magnesiumoxyd besteht, wird die Schmelze durch wiederholtes Umrühren bei 730···760° gut durchgewaschen und abgedeckt. Nun wird das Metall bis auf 850···900° überhitzt, wobei die letzten Reste von Verunreinigungen abgegeben werden und sich die Salzdecke zu einem zähen Brei verdickt, von dem sich das Metall salzfrei abscheidet. Das durch das Zulegieren von Aluminium mit diesem etwa in größerer Menge eingebrachte Eisen kann durch längeres Stehenlassen der Schmelze wenigstens bis zu einem gewissen Grade wieder abgeschieden werden. Wirksamer ist jedoch die Behandlung mit Mangan, das bei höherer Temperatur eine größere Löslichkeit in

---

[1] Siehe Tabelle 19 S. 54.

Magnesium besitzt als bei niedriger. Mangan wird daher bei höherer Temperatur eingebracht und hierauf die Schmelze bis nahe an den Erstarrungspunkt abgekühlt. Hierbei setzt sich das Mangan am Tiegelboden ab und nimmt dabei das Eisen in irgendeiner noch nicht genau bekannten Bindung mit sich.

Gegossen wird nunmehr bei einer Temperatur zwischen 780 und 750°, mindestens aber 680° und höchstens 800°. Die Salzdecke wird zurückgehalten und der Gießstrahl mit Schwefelpulver bestreut, um erneute Oxyd- bzw. Nitridbildung zu vermeiden. Mg-Legierungen können wie Aluminium in grünem Sand vergossen werden, wenn den gebräuchlichen Sandsorten $3 \cdots 10\%$ Schwefel und $0{,}35 \cdots 0{,}75\%$ Borsäure zugesetzt wird. Beim Gießen entstehen hierbei indifferente Gase, die jede Reaktion des flüssigen Metalles mit den feuchten Formen verhindern. Bei genügender Gasabführung können auch grüne Kerne verwendet werden. Allseitig vom Metall umflossene Kerne werden aus mit Leinöl oder Reisstärke vermischtem Quarzsand hergestellt. Bei größeren, sperrigen Gußstücken kann die Beseitigung etwa vorhandener Gußspannungen zweckmäßig sein, die durch Spannungsfreiglühen bei $280 \cdots 320°$ während $2 \cdots 4$ h vorgenommen wird. Nachzurichten sind verzogene Gußstücke bei $250 \cdots 300°$.

Die fertigen und geputzten Abgüsse werden grundsätzlich in einer 20proz. Salpetersäure mit einem Zusatz von 16% Alkalibichromat zur Erhöhung ihrer Korrosionsbeständigkeit gebeizt. Danach werden sie in kaltem Wasser gut abgespült und hinterher in heißem Wasser so weit erwärmt, daß sie an der Luft schnell trocknen. Als Beizgefäße haben sich solche aus säurefestem Steinzeug, säurefesten Steinen sowie auch geschweißtem Aluminium gut bewährt.

In DIN 1729 sind folgende Gußlegierungen genormt worden:

G Mg Al 6 Zn 3 sind Magnesium-Gußlegierungen mit Aluminium- und Zinkgehalt für stoßbeanspruchte Gußteile, wie Motorgehäuse, Getriebegehäuse usw.

G Mg Al 8 Zn 1 und G Mg Al 9 Zn 1 sind Magnesium-Legierungen mit Aluminiumgehalt und geringerem Zinkgehalt. Diese Legierungen sind gas- und flüssigkeitsdicht, schweißbar und korrosionsbeständig. Durch Wärmebehandlung — 24stündiges Glühen bei $380 \cdots 410°$ mit nachfolgender Luftabkühlung vergütet — werden hohe Festigkeits- und Dauerfestigkeitswerte erzielt. Sie eignen sich daher für hochbeanspruchte Gußteile.

G Mg Zn 4 Zr 1. Der dieser Legierung zugesetzte Zirkoniumgehalt übt ähnlich wie Mangan kornfeinende Wirkung aus, die erhebliche Steigerung der Dehnung zur Folge hat. Daher sind durch Ausnutzung der Verfestigungsfähigkeit erhöhte Festigkeitswerte, vor allem Streckgrenzwerte, möglich. Derartige Gußstücke weisen ein dichtes Gefüge auf.

b) Kokillenguß läßt sich in vielen Fällen gegenüber Sandguß wirtschaftlicher herstellen, wenn größere Maßhaltigkeit, glattere Gußoberfläche und genaue Wandstärken bei größeren Stückzahlen verlangt werden. Gießen darf man entsprechend der Eigenart der Magnesiumlegierungen nicht durch Schöpfen des flüssigen Metalles aus dem Tiegel mittels Schöpfkelle, sondern das flüssige Metall ist zweckmäßig in besonders geformte, kippbare Warmhalteöfen zu bringen, aus denen es dann vorsichtig in Gießlöffel oder unmittelbar in die Kokille gegossen wird. Die Formen selbst werden zum Schutz gegen Oxydation mit einer Kokillenschlichte überzogen, die aus einer wässerigen Aufschlämmung von Schlämmkreide mit einem Zusatz von Borsäure besteht. Für Kokillenguß kommen die nach DIN 1729 genormten Magnesiumlegierungen G Mg Al 8 Zn 1 und G Mg Al 9 Zn 1 in Betracht, sowohl für gießtechnisch einfache als auch für stoßbeanspruchte Gußstücke.

3. Magnesium-Druckgußlegierungen. In jahrelanger Entwicklungsarbeit ist es gelungen, auch Magnesiumlegierungen in gleicher Weise wie Aluminium, Zink und Messing im Druckgußverfahren einwandfrei herzustellen. Das Problem lag im wesentlichen darin, das flüssige Metall im Schmelztiegel und Druckbehälter gegen Oxydation zu schützen. Hauptsächlich zwei Druckgußmaschinentypen, die Einkammer- und die Doppelkammer-Kolbengießmaschinen, haben sich in der Praxis durchgesetzt. Die Wirtschaftlichkeit des Druckgußverfahrens liegt naturgemäß erst bei hohen Stückzahlen, mindestens $1000 \cdots 2000$ Stück. Als Verwendungsgebiete kommen Massenartikel aus der Automobil-, Flugzeug-, Büromaschinen-, Elektro- und Funkindustrie u. a. in Frage. Die in DIN 1729 genormten Magnesium-Druckgußlegierungen sind D Mg Al 9 Zn 1 und D Mg Al 9 Zn 2 mit $7,5 \cdots 10,0\%$ Aluminium und 1 bzw. 2% Zink.

E. Übrige Leichtmetalle.

1. Natrium, Kalium. In der Natur findet sich *Natrium* hauptsächlich als Chlornatrium oder Kochsalz (NaCl) und in vielen Silikaten und *Kalium* als Chlorkalium und Kaliumsulfat (K_2SO_4) im Meerwasser, in den Abraumsalzen zu Staßfurt und ferner in vielen Silikaten, vor allem im Feldspat und Glimmer. Technisch werden Natrium und Kalium durch Elektrolyse von Ätznatron bzw. Ätzkalium gewonnen. Als technische Baustoffe kommen jedoch beide nicht in Betracht, da sie bereits bei gewöhnlicher Temperatur wachsweich sind und ihre Schmelzpunkte schon bei 97° bzw. 62° liegen. Außerdem besitzen sie eine große Verwandtschaft zum Sauerstoff, so daß sie an der Luft unbeständig sind.

2. Lithium ist das leichteste Metall mit einem spez. Gewicht von $0,53\ \text{g/cm}^3$. Es hat silberweißes Aussehen, ist härter als Natrium und Kalium, etwa so plastisch wie Blei. In der Technik kommt es jedoch lediglich als Legierungszusatz in Frage.

3. Beryllium findet sich in einer Reihe von Mineralien, doch kommt für seine praktische Gewinnung nur der Beryll, der auch an einigen Orten in Deutschland gefunden wird, in Betracht. Größere Mengen dieses Metalles für die Technik werden nach dem Stock-Goldschmidt-Siemens & Halske-Verfahren durch Schmelzflußelektrolyse gewonnen, doch ist sein Preis infolge der schwierigen Gewinnung noch immer hoch, wodurch seiner weiteren technischen Verwendung Schranken gesetzt sind. Beryllium wird daher nur in geringen Mengen als Legierungssatz (bis etwa 5%) und als Desoxydationsmittel verwendet. Es hat ein spezifisches Gewicht von $1,85\ \text{g/cm}^3$ und besitzt eine große Härte, so daß selbst Glas mit geeigneten Kristallkanten geritzt werden kann. Der Schmelzpunkt liegt bei etwa 1280° und die elektrische Leitfähigkeit bei $5 \cdots 25\ \text{m}/\Omega \cdot \text{mm}^2$ je nach dem Reinheitsgrad. Beryllium besitzt eine große Verwandtschaft zum Sauerstoff und überzieht sich daher an der Luft mit einer matten Oxydhaut.

II. Formgebung.

1. Gießen. a) Rohguß. Das aus der Elektrolyse gewonnene Rohaluminium ist jeweils von verschiedener Reinheit und muß erst noch zu einem gleichmäßigen Handelserzeugnis umgeschmolzen werden. Hierzu werden koksgefeuerte Tiegelschmelzöfen verwendet; neuerdings sind hierfür aber auch Öfen mit Generatorgasheizung und elektrische Schmelzöfen gebaut worden. Da flüssiges Aluminium begierig Eisen und Silizium aufnimmt, nimmt man zweckmäßig eisen- und siliziumfreie Graphittiegel, doch haben sich auch gußeiserne Tiegel, die mit einer geeigneten Masse ausgeschmiert werden, bewährt. Beim Schmelzen ist jegliche Überhitzung zu vermeiden, da die Oxyde, die fast das gleiche spez. Gewicht wie Aluminium besitzen, von der Schmelze aufgenommen werden und sie schlecht gießbar machen. Das flüssige Metall wird in eiserne Formen (Kokillen) gegossen, die die üblichen Walz- und Preßbarren, Masseln und gekerbten Blöckchen ergeben. Dem hohen Schwindmaß von 1,8% muß durch entsprechend große „verlorene Köpfe" Rechnung getragen werden. Infolge seiner hohen spez. Wärme erstarrt das Aluminium verhältnismäßig langsam, so daß oftmals statt des erwünschten feinen ein grobkristallines, eingestrahltes Gefüge entsteht, das sich in den Walz- und Preßbarren bei der unmittelbaren Weiterverarbeitung ungünstig auswirkt. Außerdem ist fast jeder Gußblock vom anderen verschieden, da die Kokillentemperatur mit steigender Blockzahl sich ändert und jeder Guß in seiner Gleichmäßigkeit sehr von der Geschicklichkeit des Gießers abhängt. Es sind daher zahlreiche Versuche unternommen worden, durch besondere Gieß-verfahren einwandfreie Gußblöcke herzustellen. Aus der Fülle dieser Versuche seien hier einige Beispiele und zwar das DURVILLE-Gießverfahren und das ZÜBLIN-Verfahren genannt. Im letzten Jahrzehnt hat sich das Strangguß- bzw. Wassergußverfahren fast überall durchgesetzt, der Tütenguß wird nur noch vereinzelt angewandt.

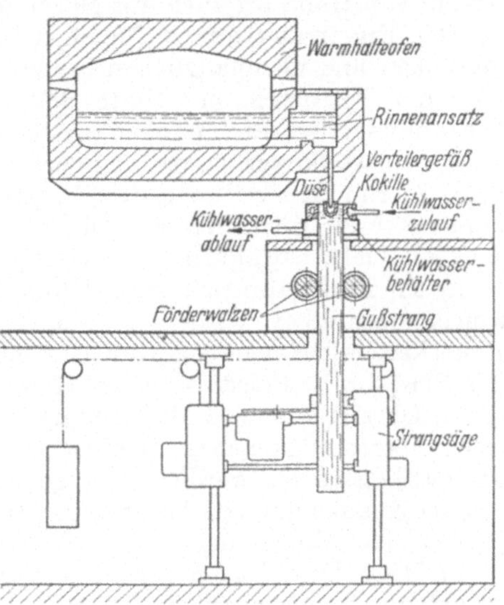

Abb. 18. Vollkontinuierliche Gießanlage. (Nach H. KÄSTNER).

Der *Wasserguß* stellt in jeder Hinsicht das fortschrittlichste Gießverfahren dar. In einer derartigen Anlage können Rund-, Vierkant-, Flach- und Hohlbarren in einer Länge, die der Absenkgrube entspricht, gegossen werden. Vollkontinuierlich ausgebaut (Abb. 18) gestattet die Anlage fortlaufendes Gießen, wobei der unten austretende Gußstrang ebenfalls fortlaufend durch eine „fliegende" Säge in gewünschte Längen aufgeteilt wird.

b) Umschmelz-Aluminiumguß. Die Wiedergewinnung des Aluminiums und der Aluminiumlegierungen aus Abfällen und Altmetall ist von großer wirtschaftlicher Bedeutung, so daß sich größere Metallhütten dieser Aufgabe zugewandt haben. Die Aufbereitung der verschiedenartigsten Aluminiumabfälle erfordert nämlich neben den geeigneten Gießereieinrichtungen und Untersuchungsmöglichkeiten auch entsprechende Erfahrungen. Bei der Vielzahl der vorhandenen Legierungen ist es notwendig, die Abfälle bereits möglichst umfassend voneinander zu trennen oder nur so weit untereinander zu vermischen, wie es die zuständigen Hüttenwerke selbst nach eigenen Angaben zulassen. Ein fachmännisch, durch Analysen kontrolliertes, umgeschmolzenes Leichtmetall stellt ein Material dar, das bei vielen Verwendungszwecken einem Neumetall nicht nachzustehen braucht.

c) Sandguß. Gußteile aus Leichtmetall werden hauptsächlich im Sandgußverfahren hergestellt. Der Schmelze werden in den Gießereien meist auch Gußabfälle, die bis zu 50% betragen können, zugesetzt; bei stärkeren Blech-, Stangen- und Gußabfällen und bei kreislaufendem Abfall des eigenen Betriebes bestehen hiergegen auch keine Bedenken. Doch ist von dem Zusatz stark durch Formsand, Öl, Fremdmetalle, mineralische und organische Substanzen verunreinigter Abfälle und fremder Schrotteile dringend abzuraten; in solchen Fällen ist es zweckmäßiger, Umschmelzaluminium von den dafür eingerichteten Hüttenwerken zu beziehen. Beim Schmelzprozeß ist besonders darauf zu achten, daß die maximale Schmelztemperatur von 800° nicht überschritten und eine Gasaufnahme, insbesondere des schädlichen Wasserstoffes, aus den Heizgasen vermieden wird. Weiterhin muß die Oxydation der Schmelze verhindert werden, da das sich bildende, leichte Aluminiumoxyd beim Gießen leicht mit in die Form hineingerissen werden kann, wodurch im Gefüge porige Stellen, als Schlacken- oder Schaumeinschlüsse bezeichnet, mit verminderten Festigkeitseigenschaften entstehen.

Für die Sandform wird grüner, nicht zu feuchter Sand — bewährt haben sich die Kaiserlauterner und halleschen Formsande — genommen, der nicht zu fest gestampft sein darf, um den Gasen freien Abzug zu gewähren. Die Formen werden sowohl von Hand als auch auf Maschinen hergestellt. Infolge starker Schwindung bei der Erstarrung müssen genügend Steiger und Eingüsse vorgesehen werden; an dicken und unzugänglichen Stellen der Form werden auf etwa 100° erwärmte oder mit Petroleum bespritzte Schreckplatten oder Kühleisen angebracht, um Schwindungsrisse und Lunker zu vermeiden. Die Kerne müssen besonders sorgfältig hergestellt werden und bei genügender Festigkeit doch nachgiebig sein, damit beim Schrumpfen während der Erstarrung keine Warmrisse entstehen. Als Kernbindemittel werden Dextrin, Öl und Harz verwendet. Die Mindestwandstärke der Gußstücke beträgt im allgemeinen 2···3 mm und die Maßgenauigkeit $\pm$ 1 mm.

d) In Kokillenguß sind Aluminiumlegierungen und auch Magnesiumlegierungen herstellbar, wenigstens alle diejenigen, die genügend warmfest sind. Die Dauerformen bestehen aus Gußeisen mit hohem Graphitgehalt und die Kerne meist aus SM-Stahl[1]. Bei dieser Gießart werden selbst bei hohen Stückzahlen saubere, glatte Oberflächen und Maßgenauigkeiten erzielt, die in vielen Fällen eine Nacharbeit überflüssig machen. Schlitze, Bohrungen und selbst gröbere Gewinde können maßhaltig gegossen werden. Infolge der verhältnismäßig teuren Formen ist natürlich der Kokillenguß erst bei größeren Stückzahlen von mindestens 500···1000 Stück, je nach den Abmessungen, wirtschaftlich herzustellen.

e) Beim Druckguß wird das Metall, das ebenfalls aus Aluminium- (S. 21) und Magnesiumlegierungen (S. 26) bestehen kann, mit einem Druck von 25···50 at in die Dauerformen gespritzt. Dadurch werden alle Ecken voll und scharf ausgefüllt, so daß derartige Teile kaum noch irgendeiner Nacharbeit bedürfen und auch als „Fertigguß" bezeichnet werden. Beim Verarbeiten der Aluminiumlegierungen muß darauf geachtet werden, daß sie nicht von dem Gußbehälter der Spritzgußmaschinen, in dem sie sich dauernd in flüssigem Zustande befinden, zuviel Eisen aufnehmen, wodurch sie spröde und brüchig werden. Auch die Druckgußformen selbst werden vom Aluminium angegriffen. Durch oberflächliches Verchromen oder Nitrieren ist die Lebensdauer der Formen schon wesentlich erhöht worden, doch halten auch diese den hohen thermischen Beanspruchungen auf die Dauer nicht stand. Man verwendet daher heute meist besonders legierte Chrom-Vanadin-Stähle. Wie beim Kokillenguß können auch hier Bohrungen, Gewinde und Einlagen in Form von Laufbuchsen, Zapfen u. dgl. aus Messing, Bronze und Stahl mit eingegossen werden. Über die zweckmäßigste Formgebung von Druckgußteilen und ihre Verwendung berichtet eine ausführliche Schrift des RKW, Nr. 18 („Der Spritzguß und seine Verwendung, Beuth-Vertrieb, Berlin). Der Druckguß eignet sich vornehmlich zur Herstellung kleinerer Massenartikel, deren Mindeststückzahl bei etwa 3000 Stück anzunehmen ist.

---

[1] Vielfach formt man die Kerne auch nach dem Formmasken-Verfahren nach CRONING (Die Gießerei 1952, S. 467).

2. Warm- und Kaltkneten. Aluminium und die meisten Aluminiumlegierungen sind warm und kalt knetbar. *Rund- und Profilstangen* können warmgewalzt werden, werden aber heute vorwiegend auf der hydraulischen Strangpresse warm gepreßt und sind dann weich. Durch Weiterziehen in kaltem Zustande mit den jeweils erforderlichen Zwischenglühungen werden enge Toleranzen und die verschiedenen Härtegrade, vom viertelharten bis harten und federharten Zustand, erreicht. *Drähte* werden aus Preßdrähten durch Kaltziehen hergestellt, wobei sich Reinaluminium bis zur winzigen Dicke von 0,01 mm verarbeiten läßt. *Rohre* werden auf der Strangpresse oder auf besonderen Kurbelpressen warm vorgepreßt und dann auf die gewünschten Abmessungen kalt fertiggezogen. *Bleche* und *Bänder* werden aus gegossenen Blöcken warm vorgewalzt und dann kalt auf die vorgeschriebene Dicke und Härte unter Einschaltung notwendiger Zwischenglühungen fertiggewalzt. Dickere Bleche, bis etwa 0,8 mm herunter, werden einzeln, schwächere zwei- bis zehnfach aufeinandergelegt, gewalzt. Auf diese Weise werden ganz dünne *Aluminiumfolien*, bis zur Stärke von 0,005 mm, die als Verpackungsmaterial dienen, erzeugt. Durch Hämmern in geeigneten Schlagmaschinen entstehen hauchdünne Blättchen, die als unechtes Schaum- oder Rauschsilber bekannt sind. In schweren Stampfvorrichtungen werden Aluminiumflitter gewonnen, die in Pulvermühlen bis zur Staubfeine vermahlen werden und so zur Herstellung der Aluminiumbronzefarben dienen.

Die meisten Leichtmetalle lassen sich warm und kalt schmieden und in Preßgesenken verarbeiten[1].

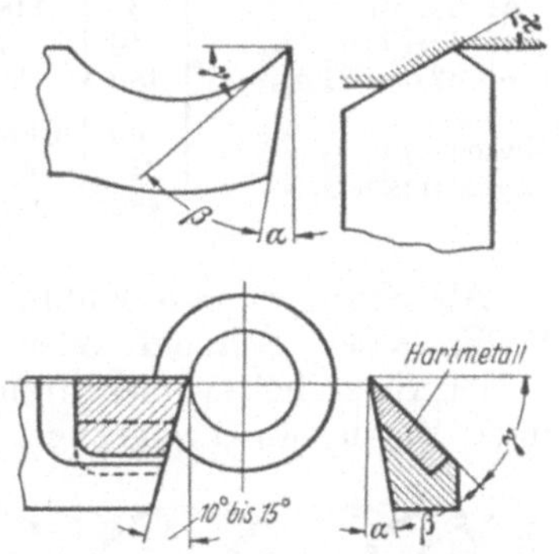

3. Spangebende Bearbeitung. Die Leichtmetalle lassen sich mit Schneidwerkzeugen gut bearbeiten, d. h. bei geeigneter Werkzeugform kann die Schnittgeschwindigkeit sehr groß sein, ohne daß sich die Standzeit (Lebensdauer) der Schneide unzulässig oder überhaupt merkbar verringert.

Abb. 19. Drehstähle für Leichtmetalle.

Ferner ist der Kraft- bzw. Leistungsverbrauch beim Zerspanen verhältnismäßig gering und die Oberfläche wird beim Schlichten mit geeigneten Kühl- und Schmiermitteln sauber. Besonders wichtig ist ein guter Spanabfluß, da die Späne besonders der zäheren Leichtmetalle die Neigung haben, sich bei Widerstand zusammenzuballen und zusammenzuschweißen und dadurch ein Weiterarbeiten u. U. unmöglich zu machen.

Für die Schnittbearbeitung sind von der einschlägigen Industrie Sonderwerkzeuge entwickelt worden. Als Werkstoff dient im allgemeinen in erster Linie bester Schnelldrehstahl; bei harten und besonders hochsiliziumhaltigen Legierungen, die die Schneiden stark beanspruchen, werden Stähle mit aufgelöteten Hartmetallplättchen verwendet. Für Feinstbearbeitung werden häufig auch Diamanten benutzt.

a) Drehen. Die Form der Drehstähle (Abb. 19) und die Anwendung richtiger Schneidenwinkel (Tabelle 12) sind für eine gut bearbeitete Oberfläche ausschlaggebend. Die Schnittgeschwindigkeiten (Tabelle 13) können sehr hoch sein, wobei die Vorschübe im allgemeinen kleiner als bei der Bearbeitung von Stahl und Eisen gehalten werden.

---

[1] Vgl. Werkstattbücher Heft 41: A. PETER, Das Pressen und Gesenkschmieden der Nichteisenmetalle. — Betr. Schmieden u. Wärmebehandlung s. Schrifttum.

Tabelle 12. *Schneidenwinkel für Drehmeißel (nach AWF 158).*

Werkstoff	Freiwinkel α		Spanwinkel γ	
	Schnellstahl	Hartmetall	Schnellstahl	Hartmetall
Rein-Aluminium	12°	12°	30°	30°
Al-Legierungen (Guß- u. Knet-)	12°	12°	14°	14°
Al-Legierungen mit hohem Si-Gehalt	12°	12°	18°	18°
Mg-Legierungen	8°	5°	6°	6°

Tabelle 13. *Richtwerte für Schnittgeschwindigkeiten in m/min beim Drehen von Leichtmetallen* (nach AWF-Tafeln).

Werkstoff	Stand-zeit min	Schnellstahlwerkzeuge					Hartmetallwerkzeuge					Hart-metall-sorte
		Vorschub in mm/U										
		0,2	0,4	0,8	1,6	3,2	0,1	0,2	0,4	0,8	1,6	
GAl u. Al-	60	132	85	56	38		530	450	375	315	280	
Knet-Legierungen .	240	75	48	32	21		300	250	212	180	160	G 1
($\sigma_B = 8$ bis 30 kg/mm²)	480	56	36	24	16		224	190	160	132	118	
GAl und Al-	60	118	75	50	34		475	400	335	280	250	
Knet-Legierungen .	240	67	43	28	19		265	224	190	160	140	G 1
($\sigma_B = 42$ bis 58 kg/mm²)	480	50	32	21	14		200	170	140	118	106	
Magnesium-Legierungen	60	1000	900	800	750	710	3150	2650	2240	1900	1600	
	240	560	500	450	425	400	1800	1500	1250	1060	900	G 1
	480	425	375	335	315	300	1320	1120	950	800	670	

Als Schmier- und Kühlmittel werden für *Al und Al-Legierungen* Petroleum, Seifenwasser, Schneid- oder Bohröle[1] benutzt. Für *Magnesium-Legierungen* ist in den Sicherheitsvorschriften vom 28. Juli 1938, § 14, auf Grund der Verordnung über Magnesium-Legierungen vom 8. März 1938 (Reichsgesetzblatt I, Seite 239) vorgeschrieben, daß bei der spanabhebenden Bearbeitung eine *Kühlung nur mit Preßluft, mit Öl oder Ölmischungen* erfolgen darf. Die Öle oder Ölmischungen dürfen weder durch einen niedrigen Flammpunkt noch durch chemische Einwirkung auf die Späne die Entstehung oder Ausbreitung eines Brandes begünstigen[2].

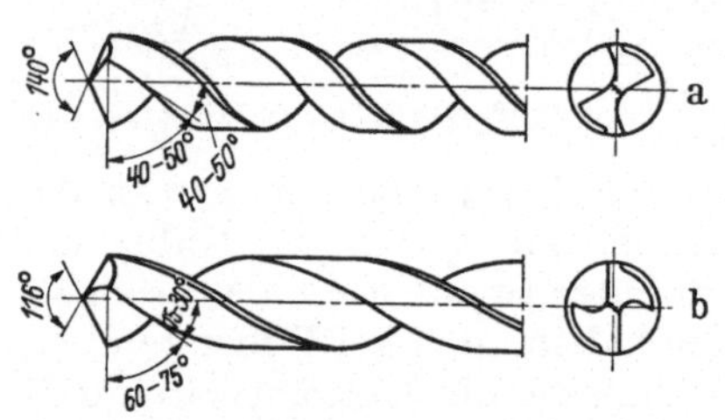

Abb. 20 a u. b. Bohrer a) für weiche Leichtmetall-Legierungen; b) für harte Leichtmetall-Legierungen und geringe Lochtiefen.

b) Bohren. Die Bohrer für Leichtmetalle müssen engen Drall und weite Nuten besitzen, um bei größeren Lochtiefen leichtes Schneiden und gute Spanabfuhr zu gewährleisten (Abb. 20). Nur zum Bohren dünner Bleche und kleiner Löcher unter 1 mm Durchmesser sind gewöhnliche Bohrer zu verwenden.

Die Schnittgeschwindigkeit liegt für Bohrer aus Schnelldrehstahl bei 100 bis 300 m/min und mit Hartmetallschneiden bei 300···400 m/min, bei Vorschüben von 0,10···0,35 mm/U bzw. von 0,30···0,60 mm/U steigend mit dem Lochdurchmesser. Für Mg-Legierungen liegen die Schnittgeschwindigkeiten bei 150···400 m/min bei Vorschüben bis zu 1 mm/U.

---

[1] Vgl. Werkstattbücher Heft 48: K. KREKELER und P. BEUERLEIN, Öl im Betrieb.
[2] Ursprünglich hatten die Hersteller von Mg-Legierungen als Kühlmittel auch eine 4%ige wäßrige Natriumfluoridlösung angegeben. Doch hat sich ergeben, daß *alle wäßrigen Lösungen* in Berührung mit feinen Spänen von Mg-Legierungen eine *Explosionsgefahr* hervorrufen können.

Als Schmier- und Kühlmittel werden Bohröle, Seifenwasser, Terpentinöl, Petroleum und für Handbohrmaschinen auch Talg verwendet; Mg-Legierungen dagegen werden in allen Fällen nur trocken gebohrt.

c) Fräsen[1]. Die Schnittgeschwindigkeit kann $200 \cdots 500$ m/min betragen, für Messerköpfe bis 800 und mehr und bei Hartmetallschneiden bis 2000. Für den Vorschub nimmt man als Richtlinie wohl die Regel: Vorschub in mm/min doppelt so groß wie die Schnittgeschwindigkeit in m/min, also 400 mm, wenn die Schnittgeschwindigkeit 200 m/min ist. Für die Fräser ist kennzeichnend: eine grobe Zahnung und stark abfallende Zahnrücken (Abb. 21), um ausreichend Spanraum zu haben; ferner stark unterschnittene Spanflächen und schraubiger Verlauf der Zähne, auch bei geringer Breite, für ein leichtes und ruhiges Schneiden. Für die Größe der Schneidenwinkel gilt das beim Drehen Gesagte. Der Span-Winkel wird bis zu 40° und mehr genommen. Abb. 22 zeigt einen Messerkopf: in der Draufsicht links für die härteren und rechts für die weicheren Leichtmetalle. Für Mg-Legierungen beträgt die Schnitt-

Abb. 21. Fräser.

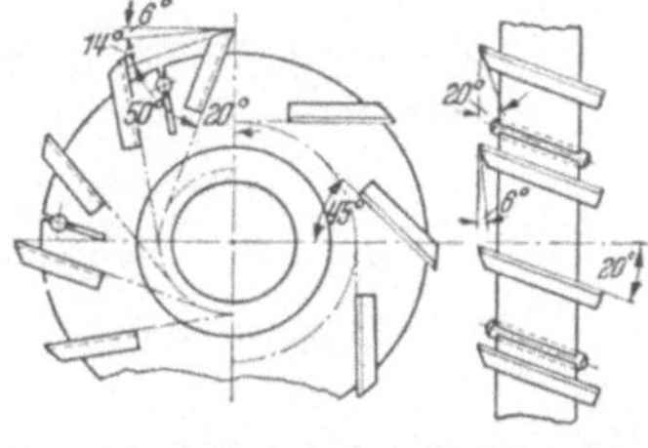

Abb. 22. Messerkopf.

geschwindigkeit $200 \cdots 400$ m/min bei einem Vorschub von $0,4 \cdots 2$ mm/U und bei Messerköpfen bis 2000 m/min bei einem Vorschub von $1 \cdots 2$ mm/U beim Schruppen und $0,3 \cdots 0,6$ mm/U beim Schlichten.

Als Schmiermittel kommen Seifenwasser und Bohrölemulsion in Betracht, für Mg-Legierungen jedoch nur trockene Bearbeitung.

d) Gewindeschneiden. Schneideisen und Gewindebohrer (Abb. 23) haben einen Spanwinkel von etwa 40°. Die Bohrer sind meist dreinutig, bei kleineren Abmessungen auch zweinutig. Die Rückenflächen werden senkrecht und nicht hinterschliffen ausgeführt, damit nicht das Gewinde beim Zurückdrehen durch Festsetzen von Spänen in den Gängen beschädigt wird. Die Schnittgeschwindigkeit beträgt $15 \cdots 40$ m/min bei Schmierung mit Talg, Petroleum oder Terpentinöl.

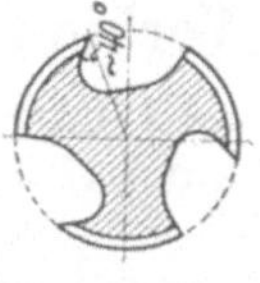

Abb. 23.
Gewindebohrer.

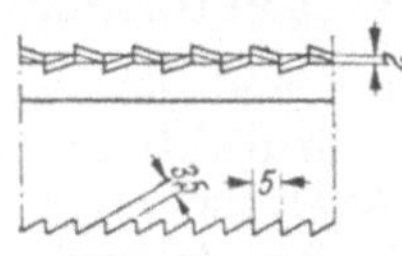

Abb. 24. Bandsäge.

Abb. 25. Kreissäge.

Der Spanwinkel für Mg-Legierungen wird mit 25° und der Rückenwinkel mit $3 \cdots 4$° eingehalten. Hierdurch wird erreicht, daß die Bohrer beim Zurückdrehen nachschneiden, und daß sich keine Späne einklemmen können. Die Bearbeitung erfolgt trocken bei einer Schnittgeschwindigkeit von $20 \cdots 50$ m/min.

e) Sägen. *Bandsägen* werden aus halbhartem Stahl hergestellt mit verschränkten Zähnen (Abb. 24). Die Schnittgeschwindigkeit beträgt $1000 \cdots 4000$ m/min. *Kreissägen* müssen grobe Zahnung haben: die Zähne stehen nicht radial, sondern haben einen Spanwinkel von etwa 20°; ihre Schneiden sind in der Achsenrich-

---

[1] Siehe auch Werkstattbücher Heft 88: HANS H. KLEIN, Das Fräsen.

tung um etwa 45° geneigt (Abb. 25). Die Schnittgeschwindigkeit beträgt etwa
300···1200 m/min. Es muß mit Schneid- oder Bohröl oder mit Seifenwasser ge-
schmiert werden, außer bei Mg-Legierungen.

f) **Feilen**. Die gewöhnlichen Feilen sind nicht brauchbar, da sie sich in kurzer
Zeit mit Spänen vollsetzen. Man verwendet daher gefräste Feilen nach Abb. 26
mit abgerundetem Zahngrund für einen leichteren Spanabfluß.

g) **Schleifen**. Das Schleifen von Aluminium und Aluminiumlegierungen
bietet gewisse Schwierigkeiten, da die Schmirgelscheiben selbst bei sehr grober
Körnung schnell verschmieren. Dieses zu verhindern, hat sich das Einfetten der
Scheiben mit Paraffin, das die Poren verschließt, bewährt. Neuerdings erhält
man bessere Schleifergebnisse mit elastisch gebundenen Scheiben. Zum Kühlen
verwendet man Bohröl 1:70. Mg-Legierungen lassen sich gut schleifen; gekühlt
wird mit Rohpetroleum.

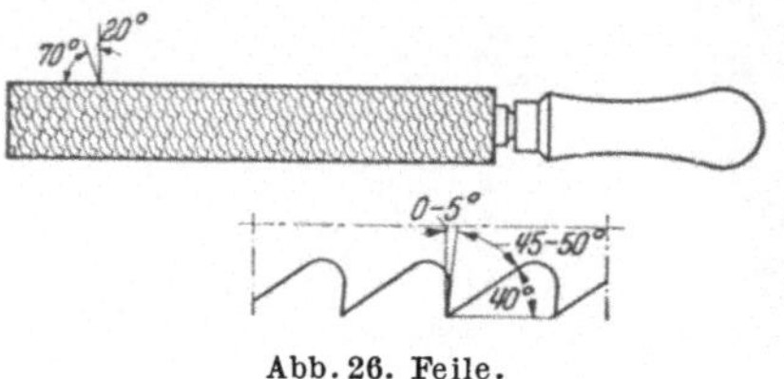

Abb. 26. Feile.

Schwabbeln werden aus Nessel oder Flanell
hergestellt und mit einem Gemisch aus Leim
und Schmirgel bestrichen, das über Nacht
trocknet. Zum Polieren werden dieselben
Scheiben benutzt mit Polierwachs, Polierrot
oder dergleichen.

Zum Schluß dieses Abschnittes sei noch
kurz auf die so gefürchtete *Brennbarkeit des
Magnesiums* eingegangen. Bei massivem Werkstoff und selbst bei groben Spänen
bis zu etwa 1,5 mm² Querschnitt besteht die Gefahr einer Entzündung überhaupt nicht. Beweis hierfür sind die Kolben in Verbrennungskraftmaschinen,
die dauernd den hohen Verbrennungstemperaturen ausgesetzt sind. *Feine Späne*
und *Staub* von Magnesiumlegierungen können allerdings in Brand geraten und
sind deshalb stets von den Arbeitsstätten fernzuhalten und in eisernen Behältern
aufzubewahren. Brennende Späne dürfen unter keinen Umständen mit Wasser
gelöscht werden; der Brand ist vielmehr durch trockenen Sand, Eisenspäne oder
Decken zu ersticken.

III. Mechanische Verbindung.

1. Löten[1]. *Aluminium* und *Al-Legierungen* durch Löten zu verbinden, ist
wegen der dünnen, aber sehr dichten Oxydhaut auf der Metalloberfläche nur mit
Schwierigkeit möglich. Al_2O_3 hat einen Schmelzpunkt von 2050° C und ist chemisch sehr widerstandsfähig. Außerdem besitzen solche Lötstellen meist nur
mangelhafte Korrosionsbeständigkeit. Immerhin haben sich bis heute aus vielen
Versuchen geeignete Verfahren für *Weichlöten* wie für *Hartlöten* herausgebildet,
die, nach den jeweils vorliegenden Erfordernissen richtig gewählt und sachkundig
angewendet, recht brauchbare Ergebnisse liefern. Unter Löten ist ganz allgemein
die Verbindung mit Hilfe eines metallischen Werkstoffes zu verstehen, der eine
andere Zusammensetzung hat als der, der gelötet werden soll.

Für *Mg-Legierungen* sind geeignete Lötverfahren bisher noch nicht gefunden
worden. Mit einem Kadmiumlot lassen sich zwar für einige Zeit haltbare *Weich*-
lötungen nach Art der Reiblötungen, also ohne Flußmittel, herstellen, brauchbare
*Hart*lötungen dagegen sind noch nicht gelungen. *Al Mg-Legierungen* mit über
2% Mg und andere Al-Legierungen, deren Schmelzpunkt in die Grenze der Hart-
löttemperaturen fällt, können nicht hartgelötet werden.

---

[1] Vgl. Werkstattbücher Heft 28: R. v. LINDE, Das Löten.

a) Weichlöten. Hierzu benutzt man Lote auf Zink- oder Zinnbasis, die mit anderen niedrigschmelzenden Schwermetallen, wie Kadmium, Blei, Wismut und anderen Zusatzstoffen legiert sind und die kein oder nur Aluminium bis 50% enthalten. Legierungen zum Schweißen und Löten der Leichtmetalle sind in DIN 1732 genormt (s. Tabelle 14). Ihre Schmelztemperaturen liegen zwischen 150 und 500°.

Weichlöten selbst ist sehr einfach, auch für Ungeübte. Im allgemeinen wird kein Flußmittel verwendet, außer bei Folien und dünnen Drähten, sondern die Oxydhaut wird mechanisch durch Verreiben des Lotes auf dem Aluminium zerstört, gegebenenfalls mit Hilfe einer Drahtbürste. Zur Frwärmung benutzt man bei kleineren Arbeiten den Lötkolben aus Aluminium, Kupfer oder Stahl und bei größeren Arbeiten die Lötlampe oder gar den Schweißbrenner. Die Hauptanwendungsgebiete sind vor allem das Ausbessern von porösen Stellen, kleinen Löchern, Rissen usw. in Gußstücken und feine Verbindungsarbeiten in der Elektrotechnik.

Neben diesen Reibloten verwendet man auch sog. Reaktionslote in Pulver- oder Pastenform, bei denen sich bei der Erhitzung das Lotmetall ausscheidet und die Bindung mit dem Aluminium herbeiführt.

Alle diese Weichlote sind jedoch mehr oder weniger unbeständig, da sie infolge ihres höheren elektrischen Potentials gegenüber den Leichtmetallen mit diesen galvanische Elemente bilden und infolgedessen schnell zersetzt werden. Die Haltbarkeit kann erhöht werden, wenn die Lötstellen mit Farbe, Lack od. dgl. überzogen werden.

b) Hartlöten. Die Zusammensetzung von Hartloten ist ebenfalls in DIN 1732 angegeben. Im allgemeinen bestehen sie aus aluminiumreichen Legierungen mit etwa 70···95% Aluminium, um sie durch Anpassung an das zu lötende Leichtmetall recht korrosionsfest zu machen, andererseits müssen sie zur Erniedrigung des Schmelzpunktes mehrere Legierungszusätze besitzen. Der Schmelzpunkt gut zusammengesetzter Hartlote liegt etwa 30···100° niedriger als der des Aluminiums.

Erhitzt wird mit dem Lötbrenner, der Lötlampe und bei größeren Stücken mit dem Schweißbrenner. Geeignete Gasgemische sind: Leuchtgas oder Azetylen mit Preßluft; Leuchtgas, Wasserstoff oder Azetylen mit Sauerstoff. Das letzte Gemisch erzeugt sehr hohe Temperaturen und ist daher mit Vorsicht zu verwenden. Zur Beseitigung der Oxydhaut werden beim Hartlöten fast ausschließlich Flußmittel in Form feingemahlenen Pulvers oder wässeriger oder alkoholischer Lösungen wie Autogal, Firinit und andere gebraucht, die aus Gemischen der Chloride und Fluoride der Alkalien, Erdalkalien und Erdmetalle bestehen, wobei auch Lithiumsalze eine besondere Rolle spielen.

Sauber ausgeführte Hartlötstellen besitzen eine gute Festigkeit und sind gegen Luft, Feuchtigkeit, Salzlösungen usw. praktisch ebenso beständig wie Aluminium. Auch ihre Farbe kann dem zu lötenden Werkstoff völlig angepaßt werden und verändert sich kaum mit der Zeit. Die Brauchbarkeit von Lötverbindungen kann durch Schliff- und Röntgenuntersuchungen oder durch einfache technologische Prüfungen, wie Hämmern und Biegen, ermittelt werden. Die Korrosionsbeständigkeit wird meist durch einen beschleunigten Korrosionsversuch, durch Kochen in Wasser oder einer Kochsalzlösung, nachgeprüft.

2. Schweißen[1]. Die Leichtmetalle lassen sich bei sachkundiger Ausführung einwandfrei schweißen. Im großen und ganzen gelten hierfür dieselben Gesichtspunkte wie für das Hartlöten. In erster Linie kommt es darauf an, die für eine gute Bindung störende Oxydhaut zu beseitigen, was durch Anwendung geeigneter

---

[1] Vgl. Werkstattbücher Heft 85: TH. RICKEN, Das Schweißen der Leichtmetalle.

Tabelle 14. *Legierungen zum Schweißen und Löten der Leichtmetalle nach DIN 1732.*

Das Blatt enthält die vorzugsweise zu verwendenden Legierungen zum Schweißen und Löten der Leichtmetalle. Es umfaßt Sonderlegierungen für Schweiß- und Lötzwecke und gilt nicht für Schweißdrähte und -stäbe von gleicher Zusammensetzung wie die zu verschweißenden Stücke, ferner nicht für Lote aus allgemein zu verwendenden Metallen und Legierungen.

Zu beachten ist, daß entsprechend dem Sprachgebrauch die Weichlote in diesem Blatt nicht nach den Hauptbestandteilen, sondern nach der Verwendung und dem Hauptbestandteil bezeichnet sind.

Für einige der in diesem Blatt angegebenen Legierungen oder für ihre Verwendung bestehen im In- und Auslande gewerbliche Schutzrechte oder Schutzrecht-Anmeldungen.

Abkürzungen: Die Buchstaben L bzw. S vor dem Kurzzeichen bedeuten „Lot" bzw. „Schweißmetall"

Benennung	Kurzzeichen	Zusammensetzung etwa %	Arbeits-temperatur mindestens °C	Wichte kg/dm³	Ergänzende Normen	Verwendung	
						Werkstoff der zu verbindenden Teile	Verwendungsbeispiele
Aluminium-Schweiß-draht 99,5	SA1 99,5	Al mind. 99,5 Ti 0,1 bis 0,2	660	2,7	DIN 1712	Reinaluminium	Geräte für chemische Zwecke
Aluminiumslegierungs-schweißdraht Si 5	SAl Si	Al mind. 93 Si 4 bis 6	610	2,7		Aluminiumlegierungen, vorwiegend AlMgSi	
Aluminiumlot 87	LAlSi 13	Al mind. 87 Si mind. 12	570	2,7	DIN 1725	Aluminium und Aluminiumlegierungen außer AlMg	Gußstücke (nur aus GAlSi 10 und UGAlSi 10) Bleche, Drähte, Profile
Aluminiumlot 80	LAl 80	Al + Si mind. 80 Cu + Ni bis 4 Sn + Cd bis 12	540	3,0	nicht festgelegt	Aluminium und Aluminiumlegierungen	Gußstücke (außer GAlSi 13 und UGAlSi 10), Bleche, Drähte, Profile
Magnesiumguß-Schweißdraht 88	SMg	Mg mind. 87 Al 9 bis 11 Zn bis 2,5 Mn 0,2 bis 0,5	590	1,8	nicht festgelegt	Magnesiumlegierungen	Gußstücke
Aluminium-Zinklot 85	LZnAl 15	Zn mind. 84 Al mind. 14	430	5,9		Reinaluminium, Aluminiumguß-legierungen	Kabel bzw. Gußstücke
Aluminium-Zinklot 60	LZnSn	Zn mind. 60 Sn Rest	320	7,4		Reinaluminium	Kabel
Aluminium-Zinklot 56	LZnCd	Zn mind. 56 Al bis 4 Cd Rest	320	7,4		Leichtmetallguß	Gußstücke
Aluminium-Zinnlot	LSn60 Zn	Sn mind. 59 Zn mind. 39	260	7,2		Reinaluminium	Feine Drähte bis 0,2 mm und Folien

Flußmittel erreicht wird. Diese bestehen hauptsächlich aus Mischungen von Fluoriden, Chloriden, Sulfaten u. ä., die in Pulver- oder Breiform auf das zu schweißende Stück aufgebracht werden.

Bewährte, im Handel erhältliche Flußmittel sind u. a. Autogal (Knappsack-Griesheim AG., Frankfurt) und Firinit (Dr. *Leopold Rostosky*, Goslar).

a) Hammerschweißen. Die zu verbindenden Teile müssen an der Schweißstelle sorgfältig gereinigt und blank geschabt und die Ränder möglichst abgeschrägt werden. Sodann werden die Schweißstellen auf 450 bis höchstens 520° erhitzt und die Nahtflächen mit starken Schlägen ineinander gehämmert. Hierdurch wird die Oxydhaut mechanisch zertrümmert und das Metall fest verschweißt, so daß Verbindungen mit hoher Festigkeit und Widerstandsfähigkeit gegen chemische Einflüsse entstehen. Flußmittel brauchen hierbei nicht verwendet zu werden. Dieses Verfahren erfordert immerhin große Sorgfalt, so daß es nur von geschultem Personal ausgeführt werden sollte. Hammerschweißungen sind vorteilhaft bei vergütbaren Werkstoffen anzuwenden, da infolge der Knetbearbeitung der an sich weichgeglühten Schweißstellen eine Wiedervergütung zur Erhöhung der Festigkeitseigenschaften möglich ist.

b) Gasschmelzschweißen. Dieses Verfahren, auch autogenes Schweißen genannt, herrscht allgemein vor, weil die Arbeitsweise verhältnismäßig einfach und billig ist. Als Brenngas dient Azetylen, Wasserstoff, Leuchtgas, Benzolgas u. dgl. Die Schweißdrähte sollen möglichst dieselbe Zusammensetzung aufweisen wie der zu schweißende Werkstoff. Grundsätzlich wird mit Flußmitteln (Autogal, Firinit) gearbeitet, doch ist sorgfältig darauf zu achten, daß keine Flußmittelreste in der Naht zurückbleiben, da sie später schwere Korrosionen hervorrufen können. Auch Schweißpulverreste müssen durch Abspülen bzw. Abbeizen mit Lauge sorgfältig entfernt werden. Die Naht-

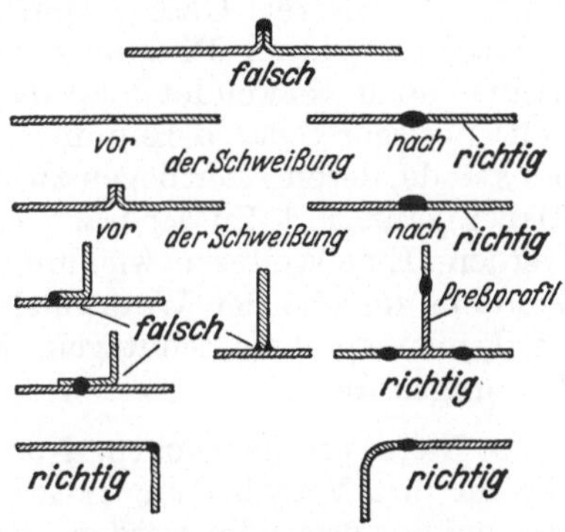

Abb. 27. Schweißnahtanordnung für Leichtmetalle.

kanten werden metallisch blank gemacht und bei stärkeren Blechen und Gußstücken abgeschrägt. Dünne Bleche können aufgebördelt und ohne Zusatzmetall geschweißt werden. Gußstücke sind zur Verhütung von Wärmespannungen gut vorzuwärmen, u. U. muß das ganze Stück nach dem Schweißen nochmals ausgeglüht werden. Aluminium und sämtliche Aluminiumlegierungen sind schweißbar, doch muß bei vergüteten Legierungen mit einer verringerten Festigkeit in und in der Nähe der hocherhitzten Schweißnaht gerechnet werden.

Über die Schweißbarkeit der Mg-Legierungen enthält die Tabelle 18 (S. 53) nähere Angaben.

Schweißmittelreste dürfen unter keinen Umständen in den Nähten verbleiben, so daß nur Stumpfschweißungen in Frage kommen. Zweckmäßige Nahtanordnungen sind in Abb. 27 angegeben. Die Schweißränder werden mechanisch blank gemacht und gut zusammengepaßt. Als Schweißdraht wird entweder die gleiche Legierung genommen oder ein Draht von besonderer Zusammensetzung nach DIN 1732 (Tabelle 14). Bei langen Nähten werden vorteilhaft die zu verschweißenden Bleche erst alle 2···4 cm durch Schweißpunkte miteinander verbunden. Die Flamme muß, um keine Löcher in das Blech zu brennen, möglichst flach liegen und so, daß die Flammenspitze der Schweißung vorauseilt. Das Mischungsverhältnis von Sauerstoff zu Azetylen weicht von dem bei Eisen üblichen ab und

ändert sich ebenso wie die Ausströmungsgeschwindigkeit an der Brennerdüse mit
der Blechstärke. Nach dem Schweißen müssen die Flußmittelreste mit Wasser
sauber abgewaschen und die Teile nach dem Chromat-Salpetersäure-Verfahren
(s. S. 25) gebeizt werden.

   c) Elektrisches Schweißen. Hierzu gehören die Widerstands- und Licht-
bogenschweißung. Punkt-, Naht- und Stumpfschweißungen werden auf elektrischen
Schweißmaschinen in gleicher Weise wie bei Stahl ausgeführt. Beim Lichtbogen-
schweißen macht sich, wie übrigens bei sämtlichen Schweißverfahren, die sich auf
dem flüssigen Aluminium immer neu bildende Oxydhaut, die eine einwandfreie
metallische Verbindung verhindert, störend bemerkbar. Dieser Übelstand wird
bei dem *Arcatom-Schweißverfahren*, das auf Erfindung von LANGMUIR und ALE-
XANDER zurückgeht, durch Wasserstoff-Schutzgas beseitigt, so daß unbedingt
dichte und oxydfreie Schweißnähte entstehen. Flußmittel werden auch beim elektrischen Schweißen in der üblichen Weise angewendet.

   Eines der neuesten, dem Arcatomschweißen verwandtes Verfahren ist das
Argonarc- bzw. *Heliarc-Schweißverfahren*, bei dem Flußmittel nicht erforderlich
sind. Die inerten Gase Argon oder Helium schirmen den Lichtbogen und das
Schmelzbad durch Bildung eines Schutzmantels gegen die Atmosphäre ab. In
Deutschland verwendet man das bei der Luftverflüssigung anfallende Argon an-
statt des sehr teueren Heliums. Dieses Verfahren arbeitet nur mit einer Wolfram-
Elektrode, deren Lichtbogen zwischen Schweißgut und Elektrode unterhalten wird.
Dabei kann mit Zusatzdraht oder ohne Zusatzdraht (Bördelnähte) geschweißt
werden. Eine Weiterentwicklung des Argonarc-Verfahrens ist das *Sigma-Verfahren*,
bei dem anstelle der Wolframelektrode der Zusatzdraht als Elektrode verwendet
wird, mit Argon als Schutzgas. Es zeichnet sich durch besonders hohe Abschmelz-
leistungen aus.

   3. Nieten und Schrauben. Nur in Ausnahmefällen, wenn Leichtmetallniete oder
die für ihre Verarbeitung notwendigen Werkzeuge nicht vorhanden sind, können
Eisenniete verwendet werden. Bis etwa 5 mm Stärke können sie kalt, bei größerem
Durchmesser müssen sie aber warm bei mindestens 700° geschlagen werden. Zu
beachten ist dabei, daß die hartgewalzten bzw. vergüteten Leichtmetallbleche infolge der hohen Temperatur ihre erhöhten Festigkeitswerte einbüßen. Aus diesem
Grunde sollten daher nur kaltgeschlagene Leichtmetallniete verwendet werden.
Als Nietwerkzeuge kommen gewöhnliche Hand-Döpper, Preßlufthämmer mit selbst-
tätig oder von Hand gedrehtem Döpper und Nietmaschinen in Frage. Für den
Nietvorgang selbst ist möglichst geringer Arbeitsaufwand, möglichst große Festigkeit bei kleinster Masse und möglichst große Laibungsfläche und daher ein verhältnismäßig kleiner Nietdurchmesser bei erhöhter Nietzahl zu fordern. Die letzte
Forderung ist dadurch bedingt, daß die kaltgeschlagenen Leichtmetallniete, im
Gegensatz zu den Eisennieten, ihre Scherkräfte durch die Lochlaibung übertragen,
weil ihre axiale Anpressung verhältnismäßig gering ist. Hieraus ergibt sich weiter,
daß Loch- und Nietdurchmesser gut zueinander passen müssen, wofür sich folgende
Spielräume bewährt haben:

   Kreuzschlagdöpper: 0,1 mm Spielraum für 4···10 mm Nietdurchmesser,
                          0,1···0,2 mm Spielraum für 10···16 mm Nietdurchmesser,
   gewöhnlicher Döpper: 0,1 mm Spielraum bis 4 mm Nietdurchmesser,
                          0,2 mm Spielraum für 4···8 mm Nietdurchmesser.

Die erste Forderung nach möglichst geringem Arbeitsaufwand wird am besten
mit dem umlaufenden Kreuzschlagdöpper (Abb. 28) erfüllt, der in schneller Folge
nur kleine Teile des Kopfes staucht. Geeignete Kopfformen sind in Abb. 29 wieder-

gegeben. Der Abstand der Niete voneinander ist 2,5···3 d und vom Rande etwa 1,6···2 d zu wählen. Bei wasserdichten Nähten wird eine doppelte Reihe von Nieten in Dreieckstellung mit einem Abstand von 2,5···3 d genommen. Bei Mg-Legierungen verwendet man für die Niete Reinaluminium oder die Legierungen Mg-Al 3 und Mg-Al 6.

Bei Schraubenverbindun-gen ist die Weichheit der Leichtmetalle für die tra-gende Gewindelänge da-durch zu berücksichtigen, daß diese 25···35% größer gemacht wird als bei Stahl. Häufiges Lösen der Schrau-ben ist wegen der stärkeren Abnutzung nicht zu empfehlen. Als Gewindeform eignen sich am besten Trapez- oder andere normale Grobgewinde.

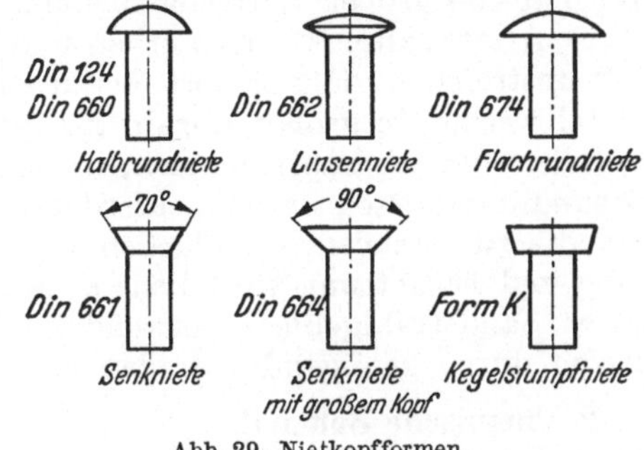

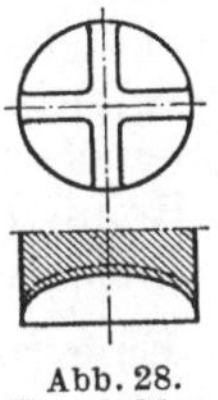

Abb. 28. Kreuzschlag-döpper.

Abb. 29. Nietkopfformen.

IV. Oberflächenbehandlung.

1. Mechanische Behandlung. a) Schleifen, Bürsten und Polieren. Für das Schleifen und Schmirgeln werden Schleifräder aus Siliziumkarbid mit elastischer Bindung und Schleifscheiben aus Filz mit aufgeleimtem Schmirgelpulver oder filz-belegte Metallscheiben verwendet. Auch Holzscheiben mit aufgeleimtem Schmirgel-tuch oder -leder sind im Gebrauch, doch muß bei diesen die Auswuchtung wegen Unfallgefahr bei den hohen Umdrehungsgeschwindigkeiten besonders sorgfältig erfolgen. Als Schleifmittel kommt Schmirgelpulver und Schmirgelleinen in den Körnungen 1 bis 8/0 in Betracht. Das Bürsten wird mit rotierenden Stahldraht-bürsten vorgenommen. Die so entstehenden Oberflächen haben einen gleichmäßigen matten Glanz und bilden eine gute Grundlage für Farb- und Lackanstriche. Durch Polieren wird eine vorzügliche, hochglänzende Oberfläche erzielt, deren ursprüng-licher Glanz durch einfaches Putzen immer wiederhergestellt werden kann. Zum Polieren werden Schwabbelscheiben aus festen Geweben oder Leder und als Polier-mittel Pasten benutzt, die aus einem Gemisch von Bimsteinpulver, Wiener Kalk oder Polierrot mit Talg, Paraffin oder Wachs als Bindemittel bestehen.

Mg-Legierungen lassen sich zwar auch hochglanz polieren, doch wird die Politur nach kurzer Zeit wieder matt.

b) Sandstrahlen. Guß- und Schmiedestücke sowie auch Bleche können zur Erzielung einer mattgrauen Oberfläche mit dem Sandstrahlgebläse behandelt wer-den. Wegen der geringen Härte der Leichtmetalle darf naturgemäß nur mit feinem Sand und geringem Druck gearbeitet werden.

Die mit dem Sandstrahlen verbundenen Nachteile — Verschleiß der Bearbei-tungswerkzeuge durch in der Metalloberfläche eingebettete Quarzteilchen und in hygienischer Hinsicht, trotz guter Schutzvorrichtung, die Gefahr der Silikose-Erkrankung des Bedienungspersonals — werden durch das *Strahlen mit Granal* aufgehoben. Auf gießtechnischem Wege werden Granalien, das sind Körner von bestimmter Größe und Härte, aus einer Aluminium-Legierung erzeugt, die einer Sonderbehandlung zur Erreichung guter Kornformen und gleichmäßiger Korn-fraktionen (Kornbrüchigkeit, Splitterung) unterzogen werden. Die mit diesen Granalien gestrahlten Teile erhalten eine gleichmäßige, fett- und schmutzabweisende Oberfläche, die außerdem durch die hämmernde Wirkung noch verdichtet wird. Die mit Granal betriebenen Strahlanlagen sind annähernd verschleißfrei und von großer Wirtschaftlichkeit.

c) **Anstriche.** Durch Farben und Lacke lassen sich die Leichtmetalle dauerhaft anstreichen, doch gehört hierzu eine gewisse Erfahrung. Geeignete Anstrichmittel werden in großer Anzahl für die verschiedensten Verwendungszwecke hergestellt, aber es empfiehlt sich, in jedem Falle von den Herstellerfirmen genaue Behandlungsvorschriften einzufordern, die peinlichst zu befolgen sind. Wichtig ist, daß die zu streichenden Flächen vorher sorgfältig gereinigt werden. Zur Reinigung und Entfettung wird Benzin, Soda oder Natronlauge, gelegentlich auch ein feines Sandstrahlgebläse verwendet. Die Reinigungsmittel selbst müssen dann wieder durch genügendes Spülen und Trocknen sorgsam entfernt werden.

2. Chemische Behandlung[1]. a) Beizen. Eine reine metallische Oberfläche wird durch Beizen erzielt. Vorher müssen die Teile in kochendem Seifenwasser, Benzin und dergleichen gründlichst gereinigt werden. Dann wird mit einer $50\cdots80°$ warmen 10proz. Natronlauge in einem Eisenbehälter gebeizt und hinterher in 10proz. Salpetersäure in einem Behälter aus Reinaluminium oder Steingut abgespült. Etwa noch anhaftende Säure- und Laugenreste müssen durch Spülen sorgfältig entfernt werden, um spätere Anfressungen zu vermeiden. Zur Erzielung einer silberweißen Oberfläche beizt man in 50proz. Natronlauge und darauf in 10proz. Salzsäure oder 30proz. Schwefelsäure. Das Beizen von Mg-Legierungen ist bereits auf S. 25 behandelt.

b) Elektrische Oxydation. Die sich an der Luft auf den Leichtmetallen natürlich bildende Oxydschicht kann auch auf elektrischem Wege künstlich in verstärktem Maße erzeugt werden. Diese elektrische Oxydation, auch als anodische oder elektrolytische Oxydation bezeichnet, ist in Deutschland unter dem Namen *„Eloxal-Verfahren"* (**E**lektrisch **ox**ydiertes **Al**uminium) bekannt. Die so erzeugten Eloxalschichten besitzen eine Reihe wertvoller Eigenschaften, die kurz in folgendem bestehen: Die Schicht ist in das Grundmetall hineingewachsen, so daß ein Abblättern oder Abspringen unmöglich ist und die Maßhaltigkeit der Teile praktisch gewahrt bleibt. Die Schicht hat eine hohe Härte und Verschleißfestigkeit und besitzt eine große chemische Widerstandsfähigkeit. Außerdem besitzt die Eloxalschicht als nichtmetallisches Oxyd eine hohe elektrische Isolationsfähigkeit und ein großes Strahlungsvermögen, das bis zu 90% des Wärmestrahlungsvermögens des „schwarzen Körpers" beträgt.

Das Verfahren besteht darin, daß der zu oxydierende Gegenstand zusammen mit einer Gegenelektrode in einen Elektrolyten, hauptsächlich Oxalsäure oder Schwefelsäure, gebracht und entweder eine Wechselstrom- oder Gleichstromspannung angelegt wird. Die besten Ergebnisse werden auf Reinaluminium und den Cu-freien und Si-armen Aluminiumlegierungen erzielt. Auf den anderen Legierungsgruppen ist die Schicht nicht ganz so hart und verschleißfest, erhöht aber auch da die Korrosionsfestigkeit beträchtlich. Für ein einwandfreies Eloxieren sind saubere, fehlerlose und fettfreie Oberflächen unerläßlich, die durch Behandlung mit schwach alkalischen Lösungen oder mit Trichloräthylen bzw. durch Beizen erhalten werden. Jede Eloxalschicht ist, bedingt durch das elektrolytische Verfahren, porös und muß daher nachgedichtet werden. Hierzu bedient man sich Mittel wie Leinölfirnis, Paraffin, Wachs, Lanolin u. a. Die Porosität und Saugfähigkeit der Eloxalschichten ist andererseits der Grund dafür, daß sie einen ausgezeichneten Haftgrund für jegliche Anstriche abgeben und sich mit organischen Farbstoffen

---

[1] Vgl. Werkstattbücher Heft 9: W. BARTHELS, Rezepte für die Werkstatt.

in den schönsten Farben und Farbtönen anfärben lassen. Schließlich können die Eloxalschichten auch lichtempfindlich imprägniert werden, so daß sich darauf photographische Abzüge wie auf Photopapier herstellen lassen (*SEO-Photoverfahren*, Abkürzung für „Siemens-Elektro-Oxydation").

Bei Magnesium und seinen Legierungen wird das *Elomagverfahren* (Elektr. Oxydation von **M**agnesium) angewandt. Der elektrochemische Vorgang gleicht dem des Eloxierens. Die Behandlungsdauer beträgt durchschnittlich 20···30 Min. Die Kenntnis der Zusammensetzung der zu behandelnden Magnesium-Legierungsteile ist von Wichtigkeit, da von ihr die Behandlungsweise im Elomagbad abhängig ist. Die Elomagschicht stellt einen guten Haftgrund für Anstriche dar. Die Teile müssen vorher sorgfältig gespült und getrocknet werden.

c) **Chemische Oxydation.** Oxydische Überzüge werden auf chemischem Wege hauptsächlich nach dem *MBV* (Modifiziertes BAUER-VOGEL)-*Verfahren* auf Reinaluminium und allen Cu-freien Aluminiumlegierungen erzeugt. Dieses Verfahren bildet eine hell- bis dunkelgrau gefärbte, korrosionsbeständige Schutzschicht, die mit dem Untergrund fest verwachsen ist und daher selbst bei stärksten Verformungen nicht abblättert. Die MBV-Schicht ist gegenüber Seewasser, Alkohol, Benzin, Entwicklerlösungen, Kupfervitriol, Schwefelsäuredämpfen und vielen anderen Stoffen vollkommen beständig, doch nicht gegen Säuren und Alkalien.

Das Verfahren besteht darin, daß die zu schützenden Gegenstände mindestens 5 Minuten bis längstens $\frac{1}{2}$ Stunde in eine siedende, wässerige Lösung (Temperatur über 90°) eines leichtlöslichen Salzgemisches, das gebrauchsfertig zu beziehen ist, eingebracht und danach gründlich mit klarem Wasser abgespült und getrocknet werden. Zur Erhöhung der chemischen Eigenschaften wird nunmehr die Schutzschicht nachbehandelt, indem man die Teile in eine 1···2proz. Wasserglaslösung etwa 10···15 Minuten lang eintaucht und gegebenenfalls in einer offenen Flamme ausglüht. Ein weiteres, wirksames Nachbehandlungsmittel sind Einbrennlacke, die nach dem Trocknen noch bei 120···140° eingebrannt werden.

Beim *Alodineverfahren*[1] arbeitet man im Gegensatz zum MBV-Verfahren mit sauren Lösungen (Chrom-, Phosphor- und Flußsäure), die besondere Einrichtungen und Vorsicht bei der Anwendung erfordern. Etwa 1···2 Min. lang werden die gut gereinigten und entfetteten Teile der rd. 50° warmen Lösung ausgesetzt, sodann in fließendem kaltem Wasser gespült und in einem 50° warmen Spezialbad 15 sek. lang nachbehandelt.

d) **Chemische Färbung.** Haltbare Oberflächenfärbungen auf Leichtmetallteilen können in allen möglichen schönen Farbtönen hergestellt werden, wenn die Teile vorher nach dem Eloxal- bzw. MBV-Verfahren einen Haftgrund erhalten haben. Neben diesen gibt es eine große Anzahl chemischer Färbeverfahren durch Eintauchen in entsprechende Bäder, die jedoch in bezug auf Schutzwirkung und Haltbarkeit den vorgenannten nachstehen, aber leicht und billig auszuführen sind. Es können Farbtöne in Grau, Schwarz, Braun, Gelb (messingfarben), Rot, Blau und Lüsterfarben hervorgerufen werden. Die einzelnen, zahlreichen Arbeitsverfahren hierzu können im Rahmen dieses Büchleins nicht angegeben werden und sind dem einschlägigen Fachschrifttum zu entnehmen.

3. Metallische Überzüge. a) **Plattieren.** Bei diesem Verfahren werden die hohen mechanischen Eigenschaften aushärtbarer Aluminiumlegierungen mit den guten Korrosionseigenschaften des Reinaluminiums oder einer geeigneten, ebenfalls aushärtbaren Legierung zu einem „Bimetall" vereinigt, indem das Aluminium als Deckschicht von 0,1···1 mm Dicke auf das Grundmetall aufgebracht wird. Die

---

[1] Aluminium, Zeitschr. d. deutschen Aluminiumindustrie Heft 1, 1955, S. 4.

bekannten Verfahren bestehen darin, daß die Schichten aufgegossen oder als Blech aufgebracht werden, die dann bei Weiterverarbeitung durch Warm- und Kaltschweißen innig verbunden werden. Die Haftfähigkeit zwischen den Schichten ist so groß, daß selbst bei stärksten Biegebeanspruchungen die Schicht nicht abblättert. Derartig plattierte Werkstoffe sind bereits auf S. 13 näher beschrieben. Weiterhin werden Aluminium und Aluminiumlegierungen noch mit Kupfer, als sog. „Cupal", und schließlich mit Zinn, Zink, Blei, Kadmium und Silber ein- oder beidseitig plattiert.

b) Galvanische Überzüge. Metallische Überzüge von Kadmium, Chrom, Nickel, Kupfer, Silber u. a. lassen sich auf Aluminium und Aluminiumlegierungen auch auf galvanischem Wege aufbringen, doch gehört hierzu eine gewisse Erfahrung. Der Erfolg dieses Arbeitsverfahrens ist wesentlich abhängig von einer sorgfältigen Vorbehandlung der Oberflächen, die in einem Vorreinigen zur Beseitigung aller groben Fett- und Schmutzreste, in der Entfernung jeglicher Fettspuren und der Herstellung einer verankerungsfähigen Oberfläche durch Aufrauhen, Kontaktbeizen oder anodischer bzw. Schmelzoxydationsbehandlung besteht. Die Galvanisierung selbst erfordert eine genaue Kenntnis und Einhaltung von Stromstärke, Spannung und Temperatur der Bäder. Die Überzüge sind meist mehr oder weniger porös und erfordern daher noch eine Nachbehandlung, um an diesen Stellen eine durch den Potentialunterschied zwischen Deckschicht und Grundmetall verstärkt auftretende Korrosion zu verhindern. In den Poren befindliche Badreste werden zweckmäßig durch Austrocknen der Teile bei über 100° beseitigt und die Poren selbst durch Einlegen in heißes Öl oder Fett geschlossen.

Die Herstellung galvanischer Überzüge auf Magnesium und seinen Legierungen ist zwar in geeigneten Bädern möglich, doch sind die Schichten nicht porenfrei, so daß hier erhöhte Korrosionsgefahr besteht.

c) Spritzüberzüge. Nach dem Schoopschen Metallspritzverfahren lassen sich viele Metalle, selbst Stahl, auf Aluminium aufspritzen, doch haften diese Schichten der Eigenart dieses Verfahrens entsprechend nur mechanisch ohne metallurgische Bindung an den Oberflächen an, so daß bei Stoß- und Biegebeanspruchung die Gefahr des Abspringens besteht. Außerdem sind diese Überzüge nicht porenfrei, weshalb besondere Vorsicht bei Magnesium und seinen Legierungen geboten ist.

V. Chemische Eigenschaften.

1. Verhalten gegen Sauerstoff. Aluminium besitzt eine große Verwandtschaft zum Sauerstoff. Bei der Verbrennung zu Tonerde nach der Formel

$$2\,Al + 3\,O = Al_2O_3 + 380\ kcal$$

wird je Kilogramm Aluminium eine Wärmemenge von 7200 kcal frei. Diese thermische Eigenschaft tritt jedoch nur bei feinverteiltem pulverisiertem Aluminium auf und wird dergestalt technisch bei dem bekannten Thermit-Schweißverfahren ausgenutzt. Bei dickeren Stücken Aluminium verläuft jedoch die Sauerstoffreaktion selbst bei Temperaturen von 700···800° wegen seiner höheren Entzündungstemperatur und seines guten Wärmeleitvermögens träge. Von dem Luftsauerstoff wird Aluminium nur sehr wenig angegriffen, indem es sich bei Raumtemperatur langsam mit einer dünnen Oxydschicht überzieht, die das darunterliegende Metall vor weiterem Angriff schützt. Bei höherer Temperatur bildet die Oxydhaut sich schneller, und an der Oberfläche geschmolzenen Aluminiums augenblicklich.

Destilliertes Wasser greift, wenn es keinen Luftsauerstoff enthält, Aluminium weder bei Raumtemperatur noch bei Siedehitze an. Das gilt im allgemeinen auch für gewöhnliches Wasser; doch kann bei ungünstiger Wasserzusammensetzung und besonders nicht genügender Reinheit des Aluminiums Korrosion eintreten.

Quecksilber und Quecksilbersalze sind für Aluminium außerordentlich schädlich und zerstören es unaufhaltsam. Das entstehende Amalgam oxydiert mit dem Sauerstoff so stark, daß sich zusehends ganze Büschel eines weißen, moosartigen Oxyds bilden. Je reiner das Aluminium ist, um so stärker ist die zerstörende Wirkung, sie tritt dagegen bei Aluminium mit etwa 3% Kupfer schon nicht mehr auf.

Die starke Verwandtschaft des Aluminiums zum Sauerstoff wird andererseits praktisch ausgenutzt zur Reinigung (Desoxydation) vieler Metalle, indem das Aluminium in der Schmelze nicht nur mit dem gelösten Sauerstoff oxydiert, sondern auch die vorhandenen Oxyde reduziert. In der Reihe der Metalle Na, K, Ca, Mg, Al, Si, Mn, Fe, Ni, Zn, Sn, Cu, Pb, Ag, die nach ihrer Bildungswärme in bezug auf die gleiche Gewichtsmenge Sauerstoff geordnet sind, kann jedes vorstehende Metall das nachfolgende aus seinem Oxyd reduzieren. Hieraus ist zu ersehen, daß Aluminium die hauptsächlich vorkommenden Metalloxyde zu reduzieren vermag.

Magnesium und seine Legierungen reagieren in feiner Verteilung als Staub oder Späne bei genügend hoher Temperatur ebenfalls heftig mit Sauerstoff, indem sie mit grellweißem Licht verbrennen. Bei dickeren Stücken kommt aber ebensowenig wie bei Aluminium ein „Brennen" in Betracht. Von dem Sauerstoff werden sie lediglich an der Oberfläche angegriffen, indem sich eine dünne Oxydhaut bildet, die dann einen weiteren Angriff verhindert.

2. Korrosion. Unter Korrosion versteht man ganz allgemein den Angriff eines Metalles durch chemische Stoffe, und zwar in Gegenwart eines Nichtelektrolyten oder eines Elektrolyten. In Nichtelektrolyten, bei Gasen, wird unmittelbar ein Reaktionsprodukt gebildet, das meist das darunterliegende Metall vor weiterem Angriff schützt. In Gegenwart von Elektrolyten verläuft dagegen der Korrosionsvorgang elektrochemisch, d. h. es bilden sich Lokalelemente, die je nach dem zwischen ihnen herrschenden Spannungs- (Potential-) Gefälle galvanischer Zersetzung unterliegen. Die Stellung des Aluminiums in der Spannungsreihe (Tabelle 15) gibt daher einen Anhaltspunkt für sein Verhalten in Verbindung mit anderen Metallen. Hieraus ergibt sich die Regel, Aluminium in ungeschütztem Zustande möglichst nicht mit anderen Metallen zusammenzubringen, noch dazu, wenn sie in der Spannungsreihe weit von ihm entfernt liegen. Immerhin sind die angegebenen Zahlenwerte nur bedingt zu werten, da durch Art, Konzentration und Temperatur des Elektrolyten noch gewisse Veränderungen eintreten können.

Tabelle 15. *Spannungsreihe einiger Elemente bei 20° gegen Wasserstoff.*

Element	K	Na	Ca	Mg	Al	Mn	Zn	Fe
Spannung (Volt)	—2,92	—2,71	—2,5	—1,87	—1,45	—1,2	—0,76	—0,43

Element	Ni	Sn	H	Cu	Ag	Pt	Au
Spannung (Volt)	—0,25	—0,15	±0,0	+0,35	+0,80	+0,87	+1,5

Für die Bildung von Lokalelementen innerhalb des Aluminiums bzw. der Leichtmetallegierungen selbst ist weiterhin die Zusammensetzung, der physikalische Zustand und die Oberflächenbeschaffenheit von wesentlicher Bedeutung.

Das reinste Aluminium zeigt den besten Korrosionswiderstand, so daß das im Handel erhältliche Reinaluminium mit mindestens 99,5% Al allen praktischen Anforderungen am besten entspricht. Die ständigen Verunreinigungen jedes Aluminiums an Silizium und Eisen sind als die Ursache möglicherweise auftretender Korrosionen anzusehen. Ein größerer Siliziumgehalt an sich braucht jedoch noch nicht schädlich zu sein, wie die Al Si-Legierung beweist; es kommt vielmehr darauf an, in welcher Form das Silizium im Aluminium enthalten ist. Bekanntlich liegt in dieser Legierung das Silizium in selbständigen Kristallen vor, die, weil hart und spröde, beim Walzen zertrümmert werden und zu Hohlräumen an der Blechoberfläche führen können, die die Veranlassung zu späteren Korrosionen geben. Bei Al 99,5 tritt Silizium an Eisen gebunden in einer Al Si Fe-Verbindung auf, die durch geeignete Warmbehandlung in Größe und Menge weitgehend verändert und somit ihr Korrosionseinfluß verringert werden kann.

Eisen findet sich in der chemischen Verbindung $FeAl_3$ im Aluminium in der Form harter, spröder Kristalle an den Korngrenzen, ebenso Kupfer bei größeren Mengen, wenn es nicht mehr gelöst ist, in der chemischen Verbindung $CuAl_2$. Hierdurch ist die Gefahr der Korrosion durch Lokalelemente gegeben. Die in der Praxis gebräuchlichen Aluminium-Kupfer-Legierungen besitzen daher keine große Korrosionsbeständigkeit. Ganz verheerend wirkt sich das Vorhandensein elementaren Kupfers aus, das etwa in der Form kleiner Flitter in die Oberfläche eingewalzt bzw. eingezogen ist. Infolge des großen Spannungsunterschiedes zwischen Aluminium und Kupfer tritt hier ein starkes galvanisches Element auf, bei dem das Aluminium anodisch gelöst und in kurzer Zeit zerstört wird. Zink wirkt in ähnlicher Weise wie Kupfer, und es scheint, als ob Zink die Passivität des Aluminiums sehr herabsetzt. Mangan und Antimon dagegen üben offenbar eine korrosionshindernde Wirkung durch Bildung von Schutzschichten aus, so daß man diese Bestandteile häufig in korrosionsfesten Legierungen findet.

Es ist eine bekannte Tatsache, daß ein Stoff gegen chemischen Angriff um so widerstandsfähiger ist, je glatter seine Oberfläche ist. Das ist auch leicht erklärlich, da die Bildung einer Schutzschicht auf einer rauhen Oberfläche sehr erschwert wird und die Gefahr, daß sich in Poren, Riefen und Unebenheiten korrosionsfördernde Produkte festsetzen, groß ist.

3. Prüfung auf Korrosionsbeständigkeit. Die Korrosionsbeständigkeit der Werkstoffe ist oft von ausschlaggebender Bedeutung für ihre Verwendbarkeit, so daß es wünschenswert ist, sie durch einen eindeutigen Kurzversuch zu prüfen. Die Vielgestaltigkeit und Eigenart der Korrosionsvorgänge, die sich meist noch über einen längeren Zeitraum erstrecken, hat sich bisher jedoch noch nicht in eine allgemein befriedigende, kurzzeitige Prüfung hineinbringen lassen. In vielen Fällen ist man daher gezwungen, einen langdauernden Korrosionsversuch unter gleichen Bedingungen, unter denen später der Werkstoff praktisch arbeitet, anzusetzen. Immerhin lassen Kurzprüfungen eine gewisse Beurteilung über das Verhalten der Werkstoffe gegen chemischen Angriff zu. Voraussetzung für vergleichbare Ergebnisse ist, daß die Prüfungen unter gleichen Bedingungen ausgeführt werden. Hierzu gehört, daß schon beim Werkstoff seine Herstellung, Bearbeitung und Behandlung berücksichtigt und gleiche Probenform und -abmessung gewählt wird. Die frühere Deutsche Versuchsanstalt für Luftfahrt (DVL) hatte ein Schema (Abb. 30) aufgestellt, um eine gewisse Einheitlichkeit bei der Durchführung von Korrosionsprüfungen von Leichtmetallen anzustreben. Gebräuchliche Korrosionsprüfungen sind:

Die *thermische Salzsäureprobe* nach MYLIUS. Hierbei wird eine Probe von 20 cm² Oberfläche in ein Reaktionsrohr gebracht, das genau 20 cm³ Salzsäurelösung der Konzentration von 100 g Salzsäure auf 1 l enthält. Lufttemperatur während des Versuches 20°. Die durch die Reaktionswärme erzeugte Temperaturerhöhung wird abhängig von der Zeit gemessen. Zur Messung der Reaktionsgeschwindigkeit dient die Beobachtung eines Temperaturhöchstwertes; der mittlere Gradzuwachs in 1 min von $\frac{t-10}{\mathrm{min}}$ wird die „Reaktionszahl" genannt.

Für dünne Bleche wird diese Probe auf eine „Dezimalprobe" abgeändert, indem das Probierrohr nur mit 5 cm³ einer 4proz. Salzsäurelösung gefüllt wird. Bei Verwendung einer 4proz. Natronlauge soll die „Alkalibeständigkeit" des Aluminiums festgestellt werden.

Oxydische Kochsalzprobe nach MYLIUS. Hierbei wird die Probe in eine wässerige Lösung von 1% Kochsalz mit 3% Wasserstoffsuperoxyd getaucht. Es wird die

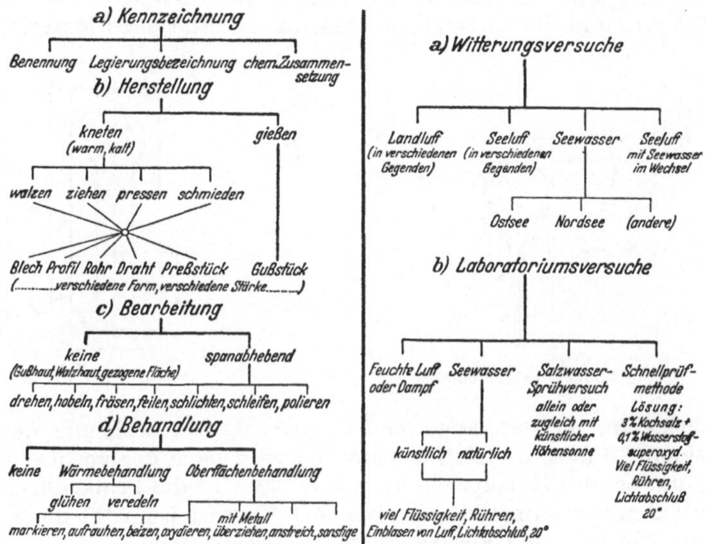

Abb. 30. Korrosionsprüfung von Leichtmetallen.

nach 24 Stunden Einwirkung gebildete Oxydmenge gewogen und aus dieser Wägung der Metallverlust auf 1 m² Oberfläche ausgerechnet.

Diese Proben wurden durch RACHWITZ und SCHMIDT[1] durch Abänderung der Metallprobe und Verlängerung der Versuchsdauer auf 6 Stunden erweitert. Durch BIEGLER[2] wurde dieser Versuch noch dahin ergänzt, daß er über mehrere Tage ausgedehnt, immer nach 24 Stunden der Metallverlust festgestellt und frische Lösung zugesetzt wurde. Außerdem wird der Abfall der Biegezahlen ermittelt.

Bei den bei der früheren Deutschen Versuchsanstalt für Luftfahrt durchgeführten Korrosionsversuchen wurden die Proben abwechselnd in Seewasser bzw. Kochsalzlösung getaucht und an der Luft getrocknet. Nach Oberflächenbeschaffenheit, Gewichtsverlust und Veränderung der mechanischen Eigenschaften wird geurteilt. Weitere Korrosionsversuche werden in feuchter Luft (bis 100% Luftfeuchtigkeit), Salzwasser-Nebel, Wasserdampf und im Sprühnebel mit Süßwasser, Seewasser und 20proz. Kochsalzlösung angestellt.

---

[1] Korrosion u. Metallschutz Bd. 2 (1926) S. 257.
[2] Z. Metallkde. Bd. 18 (1926) S. 288.

Zur Feststellung der *Korrosion von Metallblechen durch Motorenkraftstoffe* ist von WAWRZINIOK[1] eine Methode entwickelt worden. Es werden je 4 Probestücke von 30 mm Durchmesser und etwa 0,5···2,5 mm Dicke derart in einen Glasbehälter gebracht, daß sich je 2 Probestücke dauernd am Grunde der Flüssigkeit befinden, während die beiden anderen von der Flüssigkeit überspült werden, wozu ein besonderer Apparat vorhanden ist. Die Versuche ergeben, daß eine Beanspruchungsdauer von 12 Tagen in der Spülmaschine derjenigen von 150···200 Tagen in ruhender Flüssigkeit gleichkommt.

Spannungskorrionsversuche. Einige Werkstoffe, darunter Al-Mg- und Mg-Al-Legierungen, besitzen eine gewisse Spannungskorrosionsempfindlichkeit, d. h. sie reißen bei statischer Zug- oder Biegebelastung und gleichzeitiger Korrosionsbeanspruchung auf. Zur Prüfung dieser Werkstoffeigenart sind eine Reihe von Verfahren entwickelt worden, von denen die Schlaufenprobe (Abb. 31) für Bleche von 0,5···2,5 mm und die Gabelprobe (Abb. 32) für stärkeres Material, Schmiede-

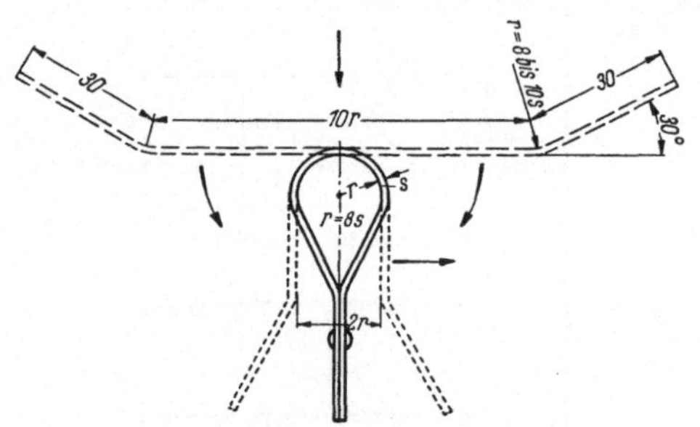

Abb. 31. Schlaufenprobe.

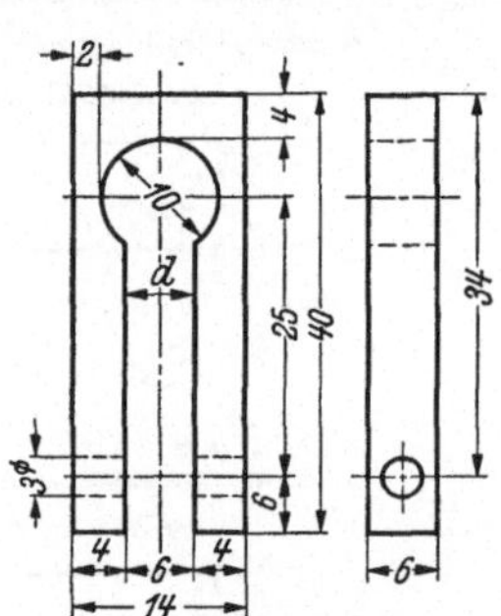

Abb. 32. Gabelprobe.

und Gußstücke am meisten angewendet wird. Die Ausführung der Schlaufenprobe mit einem 15 mm breiten Blechstreifen wird nach der vorliegenden Abb. 31 ausgeführt, und bei der Gabelprobe nach Abb. 32 wird die Probe durch eine 3-mm-Schraube auf 3 mm zusammengespannt. Als Korrosionsmittel dient destilliertes Wasser, 3proz. NaCl-Lösung oder Seewasser im Sprüh- oder Wechseltauchverfahren, mitunter auch natürliche Bewitterung.

Die Korrosionsversuche müssen aufmerksam ausgewertet werden, um Trugschlüsse zu vermeiden. In erster Linie muß die Oberflächenveränderung beobachtet und verglichen werden. Zahlenmäßig vergleichbare Werte lassen sich aus der Gewichtsveränderung gewinnen, wobei jedoch darauf zu achten ist, daß nicht durch festhaftende Oxydreste die Ergebnisse der Wägung verfälscht werden. Zur Vervollständigung der Ergebnisse einer Korrosionsprüfung hat es sich häufig als zweckmäßig erwiesen, auch noch die Veränderung von Festigkeit und Dehnung durch die Korrosion festzustellen. Ein gewichtsmäßig stärkerer, aber über die Fläche gleichmäßiger Angriff kann oftmals günstiger beurteilt werden als ein zwar gewichtsmäßig geringerer, aber örtlich dafür um so stärkerer Angriff, der erhebliche Festigkeitsverminderungen im Gefolge hat. Erst nach sorgfältigem Vergleich all dieser Faktoren vermag man sich ein richtiges Bild von dem Korrosionsverhalten eines Werkstoffes zu machen.

---

[1] Haus-Z. Aluminium, Heft 2, 1930, S. 65.

Tabelle 16. *Aluminium-Knetlegierungen nach DIN 1725 Blatt 1* (siehe Fußnote S. 5 und Nachtrag S. 55 und 56)

Ergänzende Normen: Reduktions-, Verschnitt- und Vorlegierungen DIN 1725 Bl. 3; Bleche und Bänder DIN 1745 (s. Tabelle 13); Rohre DIN 1746; Vollstangen, Drähte DIN 1747; Profilstangen DIN 1748; Preßteile und Schmiedestücke DIN 1749; Drähte aus EAlMgSi DIN 48300 Bl. 2 und Lieferbedingungen für Aldreydrähte und -seile.
Für einige der in diesem Blatt angegebenen Legierungen oder für ihre Verwendung bestehen im In- und Auslande gewerbliche Schutzrechte oder Schutzrecht-Anmeldungen.

Kurzzeichen (Kennfarbe) [1]	Zusammensetzung %	Zulässige Beimengungen % höchstens	Lieferformen und Lieferzustände [2]	Kennzeichnende Eigenschaften	Verwendung	Bemerkungen
AlCuMg (dunkelrot)	Cu 2,5 bis 5,0 Mg 0,2 bis 1,8 Mg 0,3 bis 1,5 Al Rest	Si 1,0 Fe + Ti 0,8 Zn 0,7 Ni 0,2 Pb 0,1	Bleche und Bänder: unplattiert und plattiert: weich[3], ausgehärtet und gegebenenfalls nachgerichtet, ausgehärtet und kalt verfestigt verjüngte Streifen unplattiert und plattiert: ausgehärtet und gegebenenfalls nachgerichtet verjüngte Bänder plattiert: ausgehärtet und gegebenenfalls nachgerichtet Blech- und Bandprofile unplattiert und plattiert: ausgehärtet und gegebenenfalls nachgerichtet Rohre: weich[3], ausgehärtet und gegebenenfalls nachgerichtet, ausgehärtet und kalt verfestigt Vollstangen: weich[3], preßhart[3], ausgehärtet und gegebenenfalls nachgerichtet, ausgehärtet und kalt verfestigt Drähte: geglüht und kalt verfestigt, ausgehärtet, ausgehärtet und kalt verfestigt Profilstangen: preßhart[3], ausgehärtet und gegebenenfalls nachgerichtet Preßteile und Schmiedestücke: ausgehärtet	Hochfeste Legierung, aushärtbar, bei Raumtemperatur aushärtend, sehr hohe Festigkeit, plattiert sehr gute Korrosionsbeständigkeit, insbesondere gegen Seewasser, anodisch oxydierbar (korrosionsschützend: plattiert auch dekorativ) Wichte etwa 2,8 kg/dm³	Hochwertiger Konstruktionsstoff für mechanisch hochbeanspruchte Bauteile Plattiert: Bei hohen Ansprüchen an die Korrosionsbeständigkeit	Innerhalb dieser Zusammensetzung können Legierungen verschieden hoher Festigkeit hergestellt werden (siehe techn. Lieferbedingung.) Werden diese Legierungen „plattiert" geliefert, so erhält das Kurzzeichen den Zusatz „pl" (AlCuMg pl)
AlCuMgPb (schwarz)	Cu 2,5 bis 5,0 Mg 0,2 bis 1,8 Mn 0,3 bis 1,5 Pb + Sn + Cd + Bi 0,5 bis 2,5 Al Rest	Fe + Ti 1,0 Si 1,0 Zn 0,9 Ni 0,3	Streifen: ausgehärtet und gegebenenfalls nachgerichtet Rohre: weich[3], ausgehärtet und gegebenenfalls nachgerichtet, ausgehärtet und kalt verfestigt Voll- und Profilstangen: preßhart, ausgehärtet und gegebenenfalls nachgerichtet Preßteile und Schmiedestücke: ausgehärtet	Aushärtbar, bei Raumtemperatur aushärtend, anodisch oxydierbar (korrosionsschützend), hochfeste Legierung für Automatenbearbeitung Wichte etwa 2,8 kg/dm³	Für spanabhebende Bearbeitung	
AlMgSi (weiß)	Mg 0,6 bis 1,4 Si 0,6 bis 1,2 Mn 0,6 bis 1,0 Cr 0 bis 0,3 Al Rest	Fe +Ti 0,5 Zn 0,3 Cu 0,1[4])	Bleche und Bänder: weich, walzhart, kalt ausgehärtet und gebenenfalls nachgerichtet, warm ausgehärtet und gegebenenfalls nachgerichtet, warm ausgehärtet und kalt verfestigt Blech- und Bandprofile: ausgehärtet und gegebenenfalls nachgerichtet Rohre: weich, kalt ausgehärtet und gegebenenfalls nachgerichtet, warm ausgehärtet und gegebenenfalls nachgerichtet, warm ausgehärtet und kalt verfestigt Vollstangen: weich, preßhart, kalt ausgehärtet und gegebenenfalls nachgerichtet, warm ausgehärtet und gegebenenfalls nachgerichtet, warm ausgehärtet und kalt verfestigt Drähte: weich, kalt ausgehärtet, warm ausgehärtet Profilstangen: weich, kalt ausgehärtet und gegebenenfalls nachgerichtet, warm ausgehärtet und gegebenenfalls nachgerichtet Preßteile und Schmiedestücke: preßhart, kalt ausgehärtet, und warm ausgehärtet	Aushärtbar, bei Raumtemperatur in beschränktem Umfange aushärtend, warm aushärtbar, mittlere Festigkeit, gute Verformbarkeit, gute Polierbarkeit, kalt ausgehärtet, gut anodisch oxydierbar (korrosionsschützend, und dekorativ), gute Korrosionsbeständigkeit Wichte etwa 2,7 kg/dm³	Bauteile mittlerer mechanischer Beanspruchung bei guter chemischer Beständigkeit	

Fortsetzung von Tabelle 16

Kurzzeichen (Kennfarbe) [1]	Zusammen- setzung %	Zulässige Beimengungen % höchstens	Lieferformen und Lieferzustände [2]	Kennzeichnende Eigenschaften	Verwendung	Bemerkungen
AlMgSiPb (**weiß-schwarz**)	Mg 0,6 bis 1,0 Si 0,6 bis 1,2 Mn 0,6 bis 1,0 Cr 0 bis 0,3 Pb+Sn+Cd+ Bi 0,5 bis 2,5 Al Rest	Fe+Ti 0,5 Zn 0,3 Cu 0,1	Streifen: kalt ausgehärtet und gegebenenfalls nachgerichtet, warm ausgehärtet u. gegebenenfalls nachgerichtet, warm ausgehärtet u. kalt verfestigt Rohre: kalt ausgehärtet und gegebenenfalls nachgerichtet, warm ausgehärtet u. gegebenenfalls nachgerichtet, warm ausgehärtet u. kalt verfestigt Voll-und Profilstangen: preßhart, kalt ausgehärtet und gegebenenfalls nachgerichtet, warm ausgehärtet und gegebenenfalls nachgerichtet, warm ausgehärtet und kalt verfestigt Preßteile und Schmiedestücke: kalt ausgehärtet, warm ausgehärtet	Aushärtbar, bei Raumtemperatur in beschränktem Umfange aushärtend, warm aushärtbar, mittlere Festigkeit, gute Polierbarkeit, kalt ausgehärtet gut anodisch oxydierbar (korrosionsschützend und dekorativ), gute Korrosionsbeständigkeit, für Automatenbearbeitung Wichte etwa 2,7 kg/dm³	Für spanabhebende Bearbeitung bei guter chemischer Beständigkeit	
EAlMgSi (**weiß-weiß**)	Mg 0,4 bis 0,5 Si 0,5 bis 0,6 EAl Rest	Fe 0,3	Drähte: ausgehärtet	Aushärtbar, warm aushärtbar, gute Korrosionsbeständigkeit, gut anodisch oxydierbar (korrosionsschützend), gute elektrische Leitfähigkeit (30 m/Ohm · mm²) Wichte etwa 2,7 kg/dm³	Sonderlegierung für Drähte mit guter elektrischer Leitfähigkeit	Entspricht der Legierung Aldrey
AlMg 3 Si (**grün-weiß**)	Mg 2,0 bis 4,0 Si 0,5 bis 0,8 Mn 0,3 bis 0,8 Al Rest	Fe 0,5 Zn 0,2 Cu 0,1 [4]	Bleche und Bänder: weich, halbhart, hart Vollstangen: weich, preßhart, hart Drähte: weich, halbhart Profilstangen: preßhart Preßteile und Schmiedestücke: preßhart	Gut schweißbar, gute chemische Beständigkeit, gut polierbar, gut anodisch oxydierbar Wichte etwa 2,7 kg/dm³	Bauteile mit mittlerer mechanischer Beanspruchung bei hoher Witterungsbeständigkeit, z. B. für Behälterbau u. Schweißkonstruktionen	Früher mit AlMg 35 bezeichnet
AlMg 3 (**grün-gelb**)	Mg 2,0 bis 4,0 Mn 0 bis 0,4 Cr 0 bis 0,3 Al Rest	Fe+Ti 0,5 Si 0,5 Zn 0,3 Cu 0,05	Bleche und Bänder: weich, halbhart Rohre: weich, halbhart Vollstangen: preßhart, weich, halbhart Drähte: weich, halbhart Profilstangen: preßhart Preßteile und Schmiedestücke: preßhart	Bei AlMg 7: hohe Festigkeit; mit abnehmendem Magnesiumgehalt nimmt die Festigkeit ab, die Umformbarkeit und die Schweißbarkeit zu; sehr gute chemische Beständigkeit; gegen Seewasser und schwach alkalische Lösungen beständiger als Reinaluminium und die anderen unplattierten Legierungen; gute Polierbarkeit; gut anodisch oxydierbar (korrosionsschützend und dekorativ). Für dekorative Eloxierung bevorzugt AlMg 3. Wichte AlMg 5 und 7 etwa 2,6 kg/dm³ AlMg 3 etwa 2,65 kg/dm³	Mechanisch mittel- und hochbeanspruchte Bauteile mit hoher Korrosions- und Seewasserbeständigkeit, besonders im Schiffbau, in der chemischen u. Nahrungsmittelindustrie	
AlMg 5 (**grün-schwarz**)	Mg 4,0 bis 5,5 Mn 0 bis 0,8 Cr 0 bis 0,3 Al Rest	Fe+Ti 0,5 Si 0,5 Zn 0,3 Cu 0,05		(siehe AlMg 3)		

Bezeichnung	Zusammensetzung		Lieferzustände	Eigenschaften	Verwendung
AlMg 7 (grün-rot)	Mg 5,5 bis 7,5 Mn 0 bis 0,8 Cr 0 bis 0,3 Al Rest	Fe+Ti 0,5 Si 0,5 Zn 0,3 Cu 0,05		(siehe AlMg 3)	
AlMgMn (grün)	Mg 1,5 bis 3,0 Mn 0,5 bis 1,5 Cr 0 bis 0,3 Al Rest	Fe+Ti 0,5 Si 0,5 Zn 0,3 Sb 0,2 Cu 0,1[4]	Bleche und Bänder: weich, halbhart, hart Rohre: weich, halbhart, hart Vollstangen: weich, preßhart, halbhart, hart Drähte: weich, halbhart, hart Profilstangen: preßhart Preßteile und Schmiedestücke: preßhart	Mittlere Festigkeit, chemische und Seewasserbeständigkeit wie AlMg; gut schweißbar, gut anodisch oxydierbar (korrosionsschützend und dekorativ) Wichte etwa 2,7 kg/dm³	Bauteile mittlerer mechanischer Beanspruchung bei hoher Witterungs- u. Seewasserbeständigkeit, für Fahrzeugverkleidungen, chemische und Nahrungsmittelindustrie
AlMn (violett)	Mn 1,0 bis 1,5 Cr 0 bis 0,3 Al Rest	Fe+Ti 0,5 Si 0,5 Mg 0,3 Zn 0,1 Cu 0,1[4]	Bleche und Bänder: weich, halbhart, hart Rohre: weich, halbhart, hart Vollstangen: weich, preßhart, halbhart, hart Drähte: weich, halbhart, hart Profilstangen: preßhart Preßteile und Schmiedestücke: preßhart	Höhere Festigkeit als Reinaluminium bei guter Korrosionsbeständigkeit; gut schweißbar, gut anodisch oxydierbar (korrosionsschützend und dekorativ) Wichte etwa 2,75 kg/dm³	
AlCuNi (hellrot)	Cu 3,5 bis 4,5 Ni 1,8 bis 2,2 Mg 1,3 bis 1,8 Al Rest	Fe+Ti 0,5 Si 0,5 Zn 0,1	Preßteile und Schmiedestücke: ausgehärtet	Aushärtbar, bei Raumtemperatur aushärtend, gute Warmfestigkeit Wichte etwa 2,8 kg/dm³	Mechanisch hochbeanspruchte, warmfeste Preßteile u. Schmiedestücke, z. B. Zylinderköpfe und Kolben von Brennkraftmaschinen
AlSiCuNi (hellrot-schwarz)	Si 11,5 bis 13,5 Cu 0,4 bis 1,5 Mg0,8 bis 1,5 Mn 0 bis 0,5 Ni 1,0 bis 2,0 Al Rest	Fe+Ti 0,8 davon Ti 0,2	Preßteile: sonderbehandelt Vollstangen: sonderbehandelt Vollstangen: sonderbehandelt Rohre: sonderbehandelt Büchsen und Ringe: sonderbehandelt	Warmfest, gute Laufeigenschaften Wichte etwa 2,7 kg/dm³	Für Kolben von Brennkraftmaschinen
PlAl (rot-weiß)	Mn 0 bis 1,5 Mg 0 bis 1,0 Si 0 bis 1,2 Al Rest	Fe+Ti 0,5 Zn 0,1 Cu 0,05			Plattierwerkstoff für AlCuMg

[1] Farbkennzeichnung ist erwünscht; wird sie angewandt, so sollen ausschließlich die auf diesem Blatt angegebenen Farben benutzt werden. Die auf dem Blatt durch Fettdruck hervorgehobenen Grundfarben sollen in breiteren Strichen aufgetragen werden. Ob der Anstrich vom Herstellerwerk oder vom Verbraucher, sowie ob er z. B. am Kopf einer Stange oder an ihren Längsseiten angebracht werden soll, ist zu vereinbaren. Es bleibt freigestellt, einzelne Stücke oder ganze Stapel zu kennzeichnen.

[2] Die nähere Kennzeichnung der Lieferzustände ist erwünscht; wird sie angewandt, so sollen ausschließlich die Bezeichnungen nach den der Bestellung zugrunde liegenden Normblättern benutzt werden. Für ein Blech aus AlCuMg, ausgehärtet und gegebenenfalls nachgerichtet, wäre z. B. bei fehlender Farbkennzeichnung (s. Anmerkung 1) aufzubringen: AlCuMg F 38/34. Bei Anwendung der Kennfarbe genügt der Zusatz: F 38/34.

[3] Diese Halbzeuge sind im Zustand „weich" und „preßhart" nicht zur unmittelbaren Verwendung als Bauteile bestimmt; sie dienen als Ausgangswerkstoff für Umformungsarbeiten. Die daraus hergestellten Bauteile sind zur Erreichung der hohen Festigkeitseigenschaften auszuhärten.

[4] Bei besonders hohen Anforderungen an die Korrosionsbeständigkeit und entsprechender Vorschrift des Abnehmers beträgt der Cu-Gehalt höchstens 0,05%, der Fe-Gehalt höchstens 0,4%.

Tabelle 17. *Aluminium-Gußlegierungen nach DIN 1725 Blatt 2* (siehe Fußnote Seite 5)

Für einige der in diesem Blatt angegebenen Legierungen oder für ihre Verwendung bestehen im In- und Auslande gewerbliche Schutzrechte oder Schutzrecht-Anmeldungen.

A. Sand- und Kokillenguß

Kurzzeichen (Kennfarbe)[1]	Zusammensetzung %	Zulässige Beimengungen % höchstens	Lieferformen und Lieferzustände	Kurzzeichen[2] für Bestellung	Streckgrenze[3] $\sigma_{0,2}$ kg/mm² Richtwerte	Zugfestigkeit[3] σ_B kg/mm²	Bruchdehnung δ_5 %	Brinellhärte[3] HB $(P=10D^2)$ kg/mm²	Kennzeichnende Eigenschaften	Richtlinien für die Verwendung	Bemerkungen
G AlSi (blauweiß)	Si 11,0 bis 13,5 Mn 0,3 bis 0,5 Al Rest	Fe 0,6 Ti 0,15 Zn 0,1 Cu 0,05 Mg 0,05	Sandguß unbehandelt Sandguß geglüht und abgeschreckt Kokillenguß unbehandelt Kokillenguß geglüht und abgeschreckt	G AlSi G AlSi g GK AlSi GK AlSi g	(8 bis 9) 7 (9 bis 10) 8 (9 bis 11) 9 (9 bis 11) 9	(17 bis 22) 16 (18 bis 22) 16 (20 bis 26) 16 (20 bis 26) 16	(4 bis 8) 2 (6 bis 10) 5 (3 bis 7) 2 (6 bis 10) 4	(50 bis 60) 45 (50 bis 60) 50 (55 bis 70) 50 (50 bis 60) 50	Eutektische Legierung mit ausgezeichneten Gießeigenschaften, gut schweißbar, gute chemische Beständigkeit Dauerbiegefestigkeit bei Sandguß unbehandelt: 5,5 bis 6,5 kg/mm², Sandguß geglüht: 8,5 bis 10 kg/mm², Kokillenguß unbehandelt: 7 bis 8 kg/mm², Kokillenguß geglüht: 9 bis 10 kg/mm² Wichte etwa 2,65 kg/dm³	Verwickelte, auch dünnwandige, stoßfeste und flüssigkeitsdichte sowie chemisch beanspruchte Gußstücke aller Art, auch für Nahrungsmittelzwecke, geglüht f. Gußstücke, die starken Stößen unterliegen und einer höheren Schwingungsbeanspruchung ausgesetzt sind	Veredlung durch Kornfeinungsmittel Glühbehandlung: Lösungsglühen 3 Std. bei 530° C, Abschrecken in Wasser
G AlSi (Cu) (blau)	Si 11,0 bis 13,0 Mn 0 bis 0,5 Al Rest	Cu 1,0 Fe 0,8 Zn 0,5 Mg 0,3 Ni 0,2 Ti 0,2 Pb 0,1 Sn 0,1 Cu+Zn+Fe +Ni+Mn +Mg+Pb +Sn 2,5	Sandguß Kokillenguß	G AlSi (Cu) GK AlSi (Cu)	(8 bis 10) 8 (9 bis 12) 9	(15 bis 22) 15 (18 bis 26) 16	(1 bis 4) 1 (2 bis 4) 1	(50 bis 65) 50 (55 bis 75) 55	Eutektische Legierung mit ausgezeichneten Gießeigenschaften, schweißbar Wichte etwa 2,65 kg/dm³	Verwickelte, auch dünnwandige höher beanspruchte und flüssigkeitsdichte Gußteile aller Art	Veredlung durch Kornfeinungsmittel Entspricht der Standard-Leg. Nr. 231[6]
G AlSiMg (blaugelbweiß)	Si 9,0 bis 10,0 oder 11,0 bis 13,0 Mg 0,25 bis 0,40 Mn 0,3 bis 0,5 Al Rest	Fe 0,6 Ti 0,15 Zn 0,1 Cu 0,05 Fe+Ti 0,65	Sandguß unbehandelt Sandguß ausgehärtet Kokillenguß unbehandelt Kokillenguß ausgehärtet	G AlSiMg G AlSiMg a GK AlSiMg GK AlSiMg a	(9 bis 11) 8 (17 bis 26) 17 (11 bis 15) 10 (20 bis 28) 18	(18 bis 24) 17 (22 bis 30) 20 (20 bis 26) 18 (24 bis 32) 22	(2 bis 5) 2 (1 bis 4) 1 (1 bis 4) 1 (1 bis 4) 1	(55 bis 65) 55 (80bis110) 75 (65 bis 85) 60 (85bis115) 80	Untereutektische und eutektische Legierung mit ausgezeichneten Gießeigenschaften, aushärtbar, gut schweißbar, gute chemische Beständigkeit Dauerbiegefestigkeit bei Sandguß ausgehärtet:	Verwickelte, auch dünnwandige schwingungsfeste Gußstücke für höchste Beanspruchung Bei verschleißbeanspruchten	Veredlung durch Kornfeinungsmittel Aushärtungsbehandlung: Lösungsglühen etwa 4 Std. bei 520 bis 530° C, Abschrecken in Wasser, Warmauslagern 8 bis 10 Std. bei 160 bis

									9 bis 12 kg/mm², bei Kokillenguß ausgehärtet 10 bis 12 kg/mm² Wichte etwa 2,65 kg/dm³	Gußteilen Si:11 bis 13%	165° C Bei der Legierung mit 9 bis 10% Si kann d. Lösungsglühzeit verkürzt werden
G AlSiMg (Cu) (blau-gelb)	Si 8,5 bis 10,5 Mg 0,2 bis 0,4 Mn 0 bis 0,5 Al Rest	Fe 0,6 Cu 0,2 Zn 0,2 Ti 0,15	Sandguß unbehandelt Sandguß ausgehärtet Kokillenguß unbehandelt Kokillenguß ausgehärtet	G AlSiMg (Cu) G AlSiMg (Cu) a GK AlSiMg (Cu) GK AlSiMg (Cu) a	(9 bis 11) 8 (17 bis 26) 17 (11 bis 15) 10 (20 bis 28) 18	(18 bis 24) 17 (22 bis 30) 20 (20 bis 26) 18 (24 bis 32) 22	(2 bis 5) 1,5 (1 bis 4) 0,5 (1 bis 4) 0,5 (1 bis 4) 0.5	(55 bis 65) 55 (80 bis 110) 75 (65 bis 85) 30 (85 bis 115) 80	Untereutektische Legierung mit ausgezeichneten Gießeigenschaften aushärtbar, gut schweißbar Dauerbiegefestigkeit bei Sandguß ausgehärtet: 9 bis 12 kg/mm², bei Kokillenguß ausgehärtet: 10 bis 12 kg/mm² Wichte etwa 2,65 kg/dm³	Verwickelte, auch dünnwandige schwingungsfeste Gußstücke für höchste Beanspruchung	Veredlung durch Kornfeinungsmittel Aushärtungsbehandlung: Lösungsglühen etwa 2 bis 4 Std. bei 520 bis 530° C, Abschrecken in Wasser, Warmauslagern 8 bis 10 Std. bei 160 bis 165° C Entspricht der Standard-Leg. Nr. 233 [6]
G AlSi 5 Cu 1 (blau-rot)	Si 5,0 bis 6,0 Cu 1,2 bis 1,6 Mg 0,4 bis 0,6 Al Rest	Fe 0,7 Mn 0,5 Ni 0,5 Zn 0,5 Pb 0,2 Ti 0,15 Sn 0,1 Fe+Mn 1,1	Sandguß unbehandelt Sandguß ausgehärtet Kokillenguß unbehandelt Kokillenguß aushärtet	G AlSi 5 Cu 1 G AlSi 5 Cu 1a GK AlSi 5 Cu 1 GK AlSi 5 Cu 1 a	(10 bis 14) 9 (17 bis 26) 16 (12 bis 15) 11 (20 bis 26) 18	(16 bis 22) 15 (21 bis 28) 19 (18 bis 23) 16 (23 bis 30) 21	(1 bis 3) 1 0,5 bis 2 (1 bis 3) 0,5 (0,5 bis 2) 0,3	(65 bis 80) 60 (80 bis 110) 75 (70 bis 85) 65 (85 bis 115) 80	Sehr gut vergießbare Legierung aushärtbar, gut schweißbar Wichte etwa 2,7 kg/dm³	Verwickelte, auch dünnwandige schwingungsfeste Gußstücke für höchste Beanspruchung	Aushärtungsbehandlung: Lösungsglühen 4 Std. bei 520° C, Abschrecken in Wasser, Warmauslagern 8 bis 10 Std. bei 160 bis 165° C Entspricht der Standard-Leg. Nr. 234 [6]
G AlSi 9 (Cu) (blau-rot-blau)	Si 7,0 bis 11,0 Mn 0,2 bis 0,5 Al Rest	Cu 1,6 Zn 1,5 Fe 1,0 Ni 0,4 Mg 0,3 Pb 0,2 Sn 0,2	Sandguß Kokillenguß	G AlSi 9 (Cu) GK AlSi 9 (Cu)	(10 bis 14) 9 (11 bis 15) 10	15 (bis 20) 14 (17 bis 22) 15	(1 bis 3) 0,5 (1 bis 2) 0,5	(65 bis 85) 60 (70 bis 90) 65	Sehr gute Gießeigenschaften, schweißbar Wichte etwa 2,7 kg/dm³	Schwierige, dünnwandige und flüssigkeitsdichte Gußstücke	Entspricht der Standard-Leg. Nr. 232 [6]

[1] Die Kennfarbe dient zur Kennzeichnung der Gußblöckchen, Eingüsse und Steiger. Farbkennzeichnung ist erwünscht. Wird sie angewandt, so sollen ausschließlich die auf diesem Blatt angegebenen Farben benutzt werden. Die auf dem Blatt durch Fettdruck hervorgehobenen Grundfarben sollen in breiteren Strichen aufgetragen werden. Ob der Anstrich vom Herstellerwerk oder vom Verbraucher angebracht werden soll, ist zu vereinbaren. Es bleibt freigestellt, einzelne Stücke oder ganze Stapel zu kennzeichnen.

[2] Wird vom Besteller Kokillenguß verlangt. so ist dem Gußzeichen G ein K anzufügen, z. B. GK AlSi. Es ist grundsätzlich gestattet, Kokillenguß an Stelle von Sandguß zu liefern.

[3] Die eingeklammerten Festigkeitswerte sind an gesondert gegossenen Probestäben von etwa 100 mm² Querschnitt für Sand- und Kokillenguß (siehe DIN 50125) und von 20 mm² Querschnitt für Druckguß (siehe DIN 50148) bei gleichen Formstoffen wie die betreffenden Gußstücke ermittelt. Im Gußstück können diese Zahlenwerte nicht an allen Stellen erreicht werden, da sie von der Art der Gußstücke, den Entnahmestellen der Probestäbe und dem Gießverfahren abhängen. Als Mindestwerte im Gußstück oder in Probeleisten gelten die nicht eingeklammerten Zahlen. Probeleisten sind mit der Längsseite ohne Einschnürung an das Gußstück anzugießen, und ihre Dicke ist gleich der mittleren Wanddicke des Gußstückes zu wählen. Die Art der Probenahme und die Lage der aus dem Gußstück zu entnehmenden Probestäbe oder der anzugießenden Probeleisten sind zwischen der Gießerei und dem Besteller zu vereinbaren.

[4] Bis auf weiteres im Gußstück zulässig bis 1,8% Fe.

[5] Gießtechnische Richtwerte geben die Richtlinien VDI 2501 Druckguß (Spritz- und Preßguß), Legierungen, Gestaltungsrichtlinien, Wirtschaftlichkeit.

[6] Die in der Spalte „Bemerkungen" aufgeführten Legierungsnummern sind der Liste der Standard-Aluminiumlegierungen entnommen, die von der Metallberatung, Studiengesellschaft für Leicht- und Schwermetalle, Düsseldorf, herausgegeben worden ist.

Fortsetzung von Tabelle 17

Kurzzeichen (Kennfarbe)[1]	Zusammensetzung %	Zulässige Beimengungen % höchstens	Lieferformen und Lieferzustände	Kurzzeichen[2] für Bestellung	Streckgrenze[3] $\sigma_{0,2}$ kg/mm² Richtwerte	Zugfestigkeit[3] σ_B kg/mm²	Bruchdehnung δ_5 %	Brinellhärte H B[3] ($P=10D^2$) kg/mm²	Kennzeichnende Eigenschaften	Richtlinien für die Verwendung	Bemerkungen
G AlMgMn (weiß-gelb-weiß)	Mg 1,5 bis 3,0 Mn 0,6 bis 1,3 Si 0 bis 1,3 Cr 0 bis 0,3 Ti 0 bis 0,3 Al Rest	Fe 0,5 Zn 0,1 Cu 0,05	Sandguß unbehandelt Sandguß ausgehärtet Kokillenguß unbehandelt Kokillenguß ausgehärtet	G AlMg Mn G AlMgMna GK AlMgMn GK AlMgMna	(8 bis 10) 7 (13 bis 16) 12 (9 bis 12) 7 (15 bis 18) 12	(14 bis 19) 13 (21 bis 28) 16 (15 bis 20) 14 (23 bis 33) 18	(3 bis 8) 3 (2 bis 8) 2 (3 bis 8) 3 (4 bis 15) 2	(50 bis 60) 50 (70 bis 90) 65 (50 bis 60) 50 (65 bis 90) 65	Sehr gute chemische Beständigkeit gegen Seewasser u. schwach alkalische Lösungen, beständiger als Reinaluminium gut polierbar, besonders geeignet für anodische Oxydation usw., aushärtbar je nach Si-Gehalt Wichte etwa 2,7 kg/dm³	Mechanisch-mittel- und hochhochbeanspruchte Gußteile im Schiff- und Schiffsmaschinenbau Feuerlöschwesen, Nahrungsmittel- u. chemische Industrie, Bauwesen, Armaturen u. Apparatebau	Aushärtungsbehandlung: Lösungsglühen 4 Std. bei 565° C Abschrecken in Wasser, Warmauslagern 8 bis 10 Std. bei 160 bis 165° C
G AlMg 3 (gelb-weiß)	Mg 1,5 bis 3,5 Si 0 bis 1,3 Mn 0 bis 0,6 Cr 0 bis 0,3 Ti 0 bis 0,3 Al Rest	Fe 0,5 Zn 0,1 Cu 0,05	Sandguß unbehandelt Sandguß ausgehärtet Kokillenguß unbehandelt Kokillenguß ausgehärtet	G AlMg 3 G AlMg 3a GK AlMg 3 GK AlMg 3 a	(8 bis 10) 7 (13 bis 16) 12 (9 bis 12) 7 (15 bis 18) 12	(14 bis 19) 13 (21 bis 28) 16 (15 bis 20) 14 (22 bis 33) 18	(3 bis 8) 3 (2 bis 8) 2 (3 bis 8) 3 (4 bis 15) 2	(50 bis 60) 50 (70 bis 90) 65 (50 bis 60) 50 (65 bis 90) 65	Sehr gute chemische Beständigkeit gegen Seewasser u. schwach alkalische Lösungen, beständiger als Reinaluminium gut polierbar, besonders geeignet für anodische Oxydation usw., aushärtbar je nach Si-Gehalt Wichte etwa 2.7 kg/dm³	Mechanisch mittel- und hochbeanspruchte Gußteile im Schiff- und Schiffsmaschinenbau, Feuerlöschwesen, Nahrungsmittel- u. chemische Industrie, Bauwesen, Armaturen- u. Apparatebau	Aushärtungsbehandlung: Lösungsglühen 4 Std. bei 565° C Abschrecken in Wasser, Warmauslagern 8 bis 10 Std. bei 160 bis 165° C
G AlMg 3 (Cu) (gelb)	Mg 1,5 bis 4,0 Si 0 bis 1,3 Mn 0 bis 0,8 Cr 0 bis 0,3 Ti 0 bis 0,3 Al Rest	Fe 0,6 Cu 0,3 Zn 0,3	Sandguß Kokillenguß	G AlMg 3 (Cu) GK AlMg 3 (Cu)	(8 bis 10) 7 (9 bis 11) 8	(14 bis 18) 13 (14 bis 20) 14	(2 bis 6) 2 (3 bis 8) 2	(50 bis 65) 50 (50 bis 65) 50	Gute chemische Beständigkeit, gut polierbar, besonders geeignet für anodische Oxydation usw. Wichte etwa 2,7 kg/dm³	Mechanisch mittelbeanspruchte Gußteile für Bauwesen, Armaturen-und Apparatebau	Entspricht der Standard-Leg. Nr. 241[6]
G AlMg 5 (gelb-weiß-gelb)	Mg 4,5 bis 5,5 Si 0 bis 1,3 Mn 0,1 bis 0,5 Cr 0 bis 0,3 Ti 0 bis 0,2 Al Rest	Fe 0,5 Zn 0,1 Cu 0,05	Sandguß Kokillenguß	G AlMg 5 GK AlMg 5	(9 bis 10) 9 (9 bis 10) 9	(16 bis 19) 13 (17 bis 25) 14	(2 bis 5) 1 (3 bis 8) 1	(55 bis 70) 55 (60 bis 80) 55	Sehr gute chemische Beständigkeit, gegen Seewasser u. schwach alkalische Lösungen, beständiger als Reinaluminium, gut polierbar, besonders	Gußteile aller Art, auch verwickelte. sowie für Außen- und Innenarchitektur, Nahrungs-	

									geeignet für anodische Oxydation usw. Wichte etwa 2,6 kg/dm³	mittel und chemische Industrie, für nicht besonders korrosionsgefährdete, jedoch mechanisch hochbeanspruchte warmfeste Gußstücke, wie Zylinderköpfe, findet die Legierung GAlMg5 mit einem bis auf 0,6% erhöhten Cu-Gehalt Verwendung	
G AlSi 5 Mg (gelb-grün-weiß)	Si 4,0 bis 6,0 Mg 0,5 bis 0,8 Mn 0,2 bis 0,6 Ti 0 bis 0,2 Al Rest	Fe 0,5 Zn 0,1 Cu 0,05	Sandguß unbehandelt Sandguß ausgehärtet Kokillenguß unbehandelt Kokillenguß ausgehärtet	G AlSi 5 Mg G AlSi 5 Mg a GK AlSi 5 Mg GK AlSi 5 Mg a	(10 bis 13) 8 (15 bis 29) 11 (12 bis 16) 9 (16 bis 29) 13	(15 bis 18) 11 (18 bis 30) 14 (17 bis 20) 13 (20 bis 30) 17	(1 bis 3) 1 (0,5 bis 4) 1 (1,5 bis 5) 1 (1 bis 5) 1	(60 bis 70) 55 (70 bis 100) 65 (60 bis 80) 55 (70 bis 105) 70	Gute Gießbarkeit, aushärtbar, mittlere bis hohe Festigkeit, gut polierbar, gute chemische Beständigkeit Dauerbiegefestigkeit bei Sandguß ausgehärtet: 6 bis 7,5 kg/mm² Kokillenguß ausgehärtet 7 bis 8,5 kg/mm² Wichte etwa 2,7 kg/dm³	Gußstücke für chemische und und Nahrungsmittelindustrie, Armaturen, Apparatebau, Beschlagteile	Aushärtungsbehandlung: Lösungsglühen 4 bis 6 Std. bei 510 bis 530° C, Abschrecken in Wasser, Warmwasserauslagern 8 bis 14 Std. bei 155 bis 160° C Die unteren Werte der Festigkeit bei hoher Dehnung beziehen sich auf Minimalwerte nach Kaltaushärtung und die oberen Werte auf Maximalwerte bei niedriger Dehnung nach Warmaushärtung
G AlSi 6 Cu 3 (rot)	Si 5,5 bis 7,0 Cu 2,0 bis 4,0 Mn 0,4 bis 0,6 Al Rest	Zn 2,0 Fe 1,0 Ni 0,5 Mg 0,3 Pb 0,3 Ti 0,15 Sn 0,1	Sandguß Kokillenguß	G AlSi 6 Cu 3 GK AlSi 6 Cu 3	(12 bis 16) 10 (12 bis 18) 10	(16 bis 20) 14 (17 bis 22) 15	(1 bis 3) 0,5 (1 bis 3) 0,5	(65 bis 80) 60 (70 bis 100) 65	Gut gießbare Legierung, schweißbar Wichte etwa 2,75 kg/dm³	Für Gußstücke aller Art auch dünnwandige, mit mittlerer bis hoher Beanspruchung	Entspricht der Standard-Leg. Nr. 225⁶
G AlCuSi (rot-rot)	Cu 4,0 bis 7,0 Si 2,0 bis 4,0 Al Rest	Zn 2,5 Fe 1,1 Mn 0,6 Mg 0,5 Ni 0,5 Pb 0,3 Sn 0,2 Fe+Ni+Mn +Pb+Sn 2,0	Sandguß Kokillenguß	G AlCuSi GK AlCuSi	(12 bis 16) 10 (13 bis 17) 11	(16 bis 20) 14 (17 bis 22) 15	(0,5 bis 2) 0,3 (0,2 bis 2) 0,2	(75 bis 100) 70 (80 bis 110) 75	Guß gießbare Legierung mit höherer Härte, gut bearbeitbar Wichte etwa 2,8 kg/dm³	Normal beanspruchte Gußteile aller Art, die keiner Stoßbeanspruchung ausgesetzt sind	Entspricht der Standard-Leg. Nr. 223⁶

4*

Fortsetzung von Tabelle 17.

Kurzzeichen (Kennfarbe)[1]	Zusammensetzung %	Zulässige Beimengungen % höchstens	Lieferformen und Lieferzustände	Kurzzeichen[2] für Bestellung	Streckgrenze[3] $\sigma_{0,2}$ kg/mm² Richtwerte	Zugfestigkeit[3] σ_B kg/mm²	Bruchdehnung δ_5 %	Brinellhärte HB[3] $(P=10 D^2)$ kg/mm²	Kennzeichnende Eigenschaften	Richtlinien für die Verwendung	Bemerkungen
G AlCu (**rot-rot-rot**)	Cu 5,5 bis 7,0 Al Rest	Zn 1,5 Si 0,9 Fe 0,8 Mn 0,6 Ni 0,2 Mg 0,15 Pb 0,1 Sn 0,1	Kokillenguß	GK AlCu						Spezial-Kokillenguß-Legierung, vorzugsweise zur Herstellung von Bestecken	Entspricht der Standard-Leg. Nr. 221*

B. Druckguß[5])

Kurzzeichen (Kennfarbe)[1]	Zusammensetzung %	Zulässige Beimengungen % höchstens	Kurzzeichen für Bestellung von Guß-Stücken	Streckgrenze[3] $\sigma_{0,2}$ kg/mm² Richtwerte	Zugfestigkeit[3] σ_B kg/mm²	Bruchdehnung[3] δ_5 %	Brinellhärte HB[3] $(P=10 D^2)$ kg/mm²	Kennzeichnende Eigenschaften	Richtlinien für die Verwendung	Bemerkungen
GD AlSi 13 (**braun**)	Si 11 bis 13 Mn 0,2 bis 0,7 Mg 0 bis 0,5 Al Rest	Fe 1,5[4] Cu 0,4 Zn 0,4	GD AlSi 13	—	(18 bis 26)	(3 bis 1)	(60 bis 80)	Wichte etwa 2,65 kg/dm³	Verwickelte, auch flüssigkeitsdichte Gußstücke aller Art mit guter chemischer Beständigkeit	
GD AlSi 7	Si 6 bis 10 Mn 0,2 bis 0,7 Mg 0 bis 0,5 Al Rest	Fe 1,5[4] Cu 0,4 Zn 0,4	GD AlSi 7	—	(17 bis 24)	(3 bis 1)	(55 bis 75)	Wichte etwa 2,65 kg/dm³	Verwickelte Gußstücke aller Art mit guter chemischer Beständigkeit	
GD AlMgSi	Mg 0,3 bis 2,5 Si 1,5 bis 5 Mn 0 bis 1,5 Mg+Si+Mn $\geqq$ 3 Al Rest	Fe 1,5[4] Cu 0,4 Zn 0,4	GD AlMgSi	—	(16 bis 19)	(3 bis 1)	(55 bis 70)	Wichte etwa 2,7 kg/dm³	Gußstücke mit guter chemischer Beständigkeit und guter Polierbarkeit	
GD AlMg 9 (**grün**weiß)	Mg 6 bis 10 Mn 0,2 bis 0,7 Al Rest	Fe 1,5[4] Cu 0,2 Si 0,6 Zn 0,4	GD AlMg 9	—	(19 bis 27)	(3 bis 1)	(65 bis 85)	Wichte etwa 2,6 kg/dm³	Gußstücke aller Art mit hoher chemischer Beständigkeit und guter Polierbarkeit	
GD AlSiCu	Si 5 bis 6,5 Cu 2 bis 3 Mn 0,2 bis 0,6 Al Rest	Fe 1,5[4] Zn 0,7 Mg 0,5 Ni 0,5 Pb 0,3 Sn 0,3	GD AlSiCu	—	(19 bis 23)	(2,5 bis 1)	(55 bis 75)	Wichte etwa 2,8 kg/dm³	Gußstücke aller Art	Entspricht der Standard-Leg. Nr. 311*

Tabelle 18. *Magnesium-Knetlegierungen nach DIN 1729 Blatt 1* (siehe Fußnote Seite 5)

Kurzzeichen (Kennfarbe) [1]	Handels-bezeichnung	Zusammen-setzung %	Zulässige Beimengungen % höchstens		Lieferformen und Lieferzustände	Kennzeichnende Eigenschaften	Verwendung [5]
MgMn 2 (**gelb**-rot)	M 2	Mn 1,2 bis 2,0	Al Zn Si Cu Sonst. davon Ca max.	0,1 0,2 0,2 0,05 0,1 0,05	Bleche: weich und nachgerichtet Rohre: preßhart und nachgerichtet; gezogen Vollstangen: wie Rohre Profilstangen: wie Rohre Preßteile und Schmiedestücke: preßhart Drähte: preßhart	korrosionsbeständig [2]), gut schweißbar [3])leicht verformbar Wichte etwa 1,8 kg/dm³	Verkleidungen, Blechprofile, Kraftstoffbehälter, Armaturen, Preßteile
MgAl 3 Zn 1 (**gelb**-schwarz)	AZ 31	Al 2,5 bis 3,5 Zn 0,5 bis 1,5 Mn 0,05 bis 0,4	Si Cu Sonst.	0,2 0,05 0,1	Bleche: walzhart, weich und nachgerichtet Rohre: preßhart und nachgerichtet; gezogen Vollstangen: wie Rohre Profilstangen: wie Rohre Preßteile und Schmiedestücke: preßhart	Legierung mittlerer Festigkeit, schweißbar, verformbar Wichte etwa 1,8 kg/dm³	Bauteile mittlerer mechan. Beanspruchung bei noch guter chemischer Beständigkeit Spezialzwecke: z. B. Ätzplatten
MgAl 6 Zn 1 (**gelb**-weiß)	AZ 61	Al 5,5 bis 6,5 Zn 0,5 bis 1,5 Mn 0,05 bis 0,4	Si Cu Sonst.	0,2 0,1 0,1	Bleche: walzhart, weich und nachgerichtet Rohre: preßhart und nachgerichtet, gezogen Vollstangen: wie Rohre Profilstangen: wie Rohre Preßteile und Schmiedestücke: preßhart u. gegebenenfalls warmbehandelt	Legierung mittlerer bis hoher Festigkeit beschränkt schweißbar (kurze Schweißnähte) Wichte etwa 1,8 kg/dm³	Bauteile mittlerer bis hoher mechanischer Beanspruchung des allgemeinen und speziellen Maschinenbaues
MgAl 7 Zn 1 (**gelb**-blau)	AZ 71	Al 6,5 bis 8,0 Zn 0,5 bis 2,0 Mn 0,05 bis 0,4	Si Cu Sonst.	0,2 0,1 0,1	Rohre: preßhart u. nachgerichtet; gezogen Vollstangen: wie Rohre [4] Profilstangen: wie Rohre [4] Preßteile und Schmiedestücke: preßhart u. gegebenenfalls warmbehandelt [4]	Legierung höchster Festigkeit Wichte etwa 1,8 kg/dm³	Bauteile mit hoher mechanischer Beanspruchung im allgemeinen u. Spezial-Maschinenbau
MgZn 4 (**gelb**-braun)	Z 4	Zn 4,0 bis 5,0	Si Cu Al Mn Sonst.	0,2 0,1 0,1 0,05 0,1	Bleche: walzhart, weich und nachgerichtet Rohre: preßhart, nachgerichtet; gezogen Vollstangen: wie Rohre Profilstangen: wie Rohre Preßteile und Schmiedestücke: preßhart	Legierung mittlerer Festigkeit Spez. Gewicht etwa 1,8 kg/dm³	Zwecke des Spezialmaschinenbaues (Büroartikel), Einfärbbare Oberfläche
MgZr 1 (**gelb**-schwarz-gelb)	Zr 1	Zr 0,5 bis 1,0	Cu Zn Sonst.	0,05 0,2 0,1	Bleche: walzhart, weich und nachgerichtet Rohre: preßhart, nachgerichtet; gezogen Vollstangen: wie Rohre Profilstangen: wie Rohre Preßteile und Schmiedestücke: preßhart	Sehr gute Korrosionsbeständigkeit, gut schweißbar Spez. Gewicht etwa 1,8 kg/dm³	ähnliche Legierung Mg-Mn 2

[1] Farbkennzeichnung ist erwünscht; wird sie angewendet, so sollen ausschließlich die auf diesem Blatt angegebenen Farben benutzt werden. Die auf dem Blatt durch Fettdruck hervorgehobenen Grundfarben sollen in breiteren Strichen aufgetragen werden. Ob der Anstrich vom Herstellerwerk oder vom Verbraucher sowie ob er z. B. am Kopf einer Stange oder an ihren Längsseiten angebracht werden soll, ist zu vereinbaren. Es bleibt freigestellt, einzelne Stücke oder ganze Stapel zu kennzeichnen.

[2] Die Bezeichnung „korrosionsbeständig, gut schweißbar, verformbar" usw. gelten nur als Vergleichbewertung innerhalb der Mg-Legierungen.

[3] Die Angaben über die Schweißbarkeit beziehen sich auf Gasschweißen. Siehe dazu S. 35: Abschn. Schweißen.

[4] Die Warmbehandlung ist nach Angaben des Herstellers auszuführen.

[5] Normblätter mit Angaben über lieferbare Abmessungen: Bleche DIN 9101, Flachstangen gezogen **9701**, gepreßt **9702**, Vierkantstangen gezogen 9703, gepreßt 9704 Sechskantstangen gezogen 9705, gepreßt 9706, Rundstangen gezogen 9707, gepreßt 9708, Rohre gepreßt **9709**, gezogen 9710. Grundmaße für Profile gepreßte Stangen: DIN 9711, I-Profile DIN 9712, U-Profile **9713**, T-Profile **9714**, L-Profile 9771. Gesenkpreßteile und Schmiedestücke DIN 9715.

Tabelle 19. *Normenvorschlag für Magnesium-Gußlegierungen* (nach DIN 1729 Blatt 2).

Lfd. Nr.	Kurzzeichen (Kennfarbe)	Handels-bezeichnung	Zusammen-setzung %	Zulässige Bei-mengungen % höchstens	Verwendung
1	G Mg Al 6 Zn 3 (gelb-weiß)	AZ 63	Al 5,5···6,5 Zn 2,5···3,5 Mn 0,1···0,3	Si 0,3 Cu 0,2* and. 0,2	dauerbeanspruchte Sandgußteile, leicht mikroporös
2	G Mg Al 8 Zn 1 (gelb-blau)	AZ 81	Al 7,5···9,0 Zn 0,3···1,0 Mn 0,1···0,3	Si 0,3 Cu 0,2* and. 0,2	Sand- u. Kokillenguß, nicht thermisch behandelt, korrosionsfest, schweißbar, gas- und flüssigkeitsdicht
3	G Mg Al 9 Zn 1 (gelb-blau-gelb)	AZ 91	Al 7,9···9,5 Zn 0,1···1,0 Mn 0,1···0,3	Si 0,3 Cu 0,2* and. 0,2	wie AZ 81
4	G Mg Zn 4 Zr 1 (gelb-grün)	Z Zr 41	Zn 4,0···4,5 Zr 0,5···1,0	Si 0,05 Cu 0,05 and. 0,1	verwickelte Gußteile, gleichmäßig Gußfestigkeit, dichtes Gefüge. hohe Streckgrenze
5	D Mg Al 9 Zn 1 (gelb-blau-gelb)	AZ 91	Al 7,5···9,5 Zn 0,3···1,0 Mn 0,1···0,3	Si 0,3 Cu 0,2* and, 0,2	Druckgußteile
6	D Mg Al 9 Zn 2 (gelb-blau-schwarz)	AZ 92	Al 8,0···10,0 Zn 1,0···2,0 Mn 0,1···0,3	Si 0,3 Cu 0,35* and. 0,2	Druckgußmassenteile, hochbeanspruchte Kokillengußteile

* Die Hütte liefert in der Massel den Cu-Gehalt um 0,05% tiefer.

VII. Schrifttum.

Als Quellen und zum tieferen Eindringen in das Gebiet der Leichtmetalle seien folgende Schriften genannt. Ihre Reihenfolge entspricht ungefähr dem Gedankengang dieses Buches. Am Schluß sind die Zeitschriften aufgeführt, die im allgemeinen die neuesten Erfahrungen mit Leichtmetallen behandeln.

Aluminium-Taschenbuch. 11. Aufl. Düsseldorf: Aluminium-Verlag GmbH. 1955.

FULDA, W., u. H. GINSBERG: Tonerde und Aluminium. Berlin: de Gruyter 1951—53. IX. Teil 2. Das Aluminium. 358 S.

MASING, G.: Lehrbuch der allgemeinen Metallkunde. Berlin/Göttingen/Heidelberg: Springer 1950. XV, 620 S.

MASING, G.: Grundlagen der Metallkunde in anschaulicher Darstellung. 3. verb. Aufl. Berlin/Göttingen/Heidelberg: Springer 1951. VIII, 148 S.

MATTHAES, K.: Die Prüfung metallischer Werkstoffe. Mit 9 Tafeln und 124 Abb. Berlin-Grunewald: Metall-Verlag 1952. 210 S.

GOERENS, P.: Einführung in die Metallographie. Mit 503 Abb. 7./8. Aufl. Halle: Knapp 1949. 470 S.

ZEERLEDER, A. v.: Technologie des Aluminiums und seiner Leichtlegierungen. Mit 359 Abb. 5. Aufl. Leipzig: Geest & Portig 1947. XII, 594 S.

RICHARDS, G. W.: Schmieden und Wärmebehandlung von Leichtmetallen. Metal Treatment and Drop Forging 22 (1955), Nr. 113, S. 72—76. Bericht s. Werkstattstechn. u. Maschbau 45 (1955), Heft 12, S. 683.

IRMANN, R.: Aluminiumguß in Sand und Kokille. 318 Abb. 5. neubearb. Aufl. Düsseldorf: Aluminium-Zentrale 1952. XII, 302 S.

BILLIGMANN, J.: Stauchen und Pressen. Mit 529 Abb. München: Hanser 1953. XVI, 574. S.

HILBERT, H.: Stanzereitechnik. München: Hanser 1949.

OEHLER, G. W.: Gestaltung gezogener Blechteile. Mit 145 Abb. (Konstruktionsbücher. Herausgeber: Professor Dr.-Ing. E. A. Cornelius. Hamburg. Heft 11.) Berlin/Göttingen/Heidelberg: Springer 1951. 118 S.

Krekeler, K.: Die Zerspanbarkeit der Werkstoffe. Mit 70 Abb. 3. verb. Aufl. (Werkstatt-bücher für Betriebsangestellte, Konstrukteure und Facharbeiter. Herausgeber Dr.-Ing. H. Haake, Hamburg. Heft 61.) Berlin/Göttingen/Heidelberg: Springer 1949. 64 S.

Werkstoff und Schweißung. Bearbeitet u. herausgegeben von F. Erdmann-Jesnitzer. Berlin: Akademie-Verlag 1954.

Schimpke, P., u. H. A. Horn: Praktisches Handbuch der gesamten Schweißtechnik. I. Band: Gasschweiß- und Schneidtechnik. (4. Aufl. 1948). II. Band: Elektrische Schweißtechnik (5. Aufl. 1950). Berlin/Göttingen/Heidelberg: Springer.

Metals handbook. Ed. by T. Lyman. Edition 1948. Cleveland: American Society for Metals 1948. 1444 S. Ergänzung: Applikations of aluminum and aluminum alloys. Metal Progr. 66 (1954) Nr. 1—A, S. 52/63.

Vogel, O.: Handbuch der Metallbeizerei. 2. erw. Aufl. Bd. 1. Nichteisenmetalle. Wein-heim: Verlag Chemie 1951. XV, 410 S.

Brennfp, P.: Leichtmetall im europäischen und amerikanischen Schiffbau. Europa-Ver-kehr, Folge 1/1954. Darmstadt/Berlin: Otto Elsner.

Bleicher, W.: Leichtmetalltechnik. Düsseldorf: Deutsch. Ingenieur-Verlag 1950. 51 S.

Bleicher, W.: Aluminium als Werkstoff im neuzeitlichen Brückenbau. Metall, Heft 9/10. 8. Jahrg. 1954. Berlin-Grunewald: Metall-Verlag.

Bleicher, W.: Gestaltungsmerkmale für Leichtmetallkonstruktionen. Aluminium, Band 29 (1953) Heft 3. Düsseldorf: Aluminium-Verlag GmbH.

Bleicher, W.: Aluminium beim Bau von Omnibussen und Nutzfahrzeugen. Aluminium, Band 30 (1954) Heft 10. Düsseldorf: Aluminium-Verlag GmbH.

Beck, A.: Magnesium und seine Legierungen. Berlin: Springer 1939. 520 S.

Bulian, W., u. E. Fahrenhorst: Metallographie des Magnesiums. 2. Aufl. (Reine und an-gewandte Metallkunde in Einzeldarstellungen. Herausgeber: Professor Dr.-Ing. W. Köster, Stuttgart. Band 8.) Berlin/Göttingen/Heidelberg: Springer 1949.

Schichtel, G.: Magnesium-Taschenbuch. Berlin: VEB-Verlag Technik 1954.

Aluminium: Aluminium-Verlag, Düsseldorf, Jägerhofstr. 26—29.

Gießerei: Gießerei-Verlag GmbH., Düsseldorf, Postfach.

Werkstoffe u. Korrosion: Verlag Chemie, Weinheim/Bergstr.

Z. Metallkunde: Riederer-Verlag, Stuttgart, Marienstr. 50.

Schweißen und Schneiden: Deutscher Verlag für Schweißtechnik (DVS), Düsseldorf, und Friedr. Vieweg & Sohn, Braunschweig.

Nachtrag.

Kurz vor dem Reindruck dieses Buches wurde dem Verfasser bekannt, daß Änderungen des Normblattes DIN 1725, Blatt 1, (siehe Tabelle 16, Seite 45) erwogen werden. Die geplante Neufassung dieses Normblattes nach dem Stand der Verhandlungen des Fachnormenausschusses vom Anfang Februar 1956 sind in der Tabelle 20, Seite 56 angegeben.

Bei diesen Änderungsvorschlägen handelt es sich um die Verschiebung einiger Legierungsgrenzen, um die Aufteilung der Gattungen Al–Cu–Mg und Al–Mg–Si und um die Neuaufnahme einiger Legierungen der Gattungen Al–Mg und Al–Zn–Mg. Zu den Angaben der Tabelle 20, Seite 56, kommt noch die folgende Legierung hinzu:

Al–Mg–Si 1,5 mit $\leq$ 0,05 Cu; 0,4—1,0 Mn; 0,6—1,4 Mg; 0,8—1,6 Si; $\leq$ 0,2 Zn; 0—0,3 Cr; $\leq$ 0,5 Fe; $\leq$ 0,2 Ti; $\leq$ 0,05 Sonstiges einzeln und $\leq$ 0,15 Sonstiges zusammen.

Bei den Legierungen Al–Mg 1 bis Al–Mg 7 muß von den Bestandteilen Mn und Cr wenigstens einer und zwar Mn mit 0,2% oder Cr mit 0,1% vor-handen sein, es sei denn, daß von dem Werkstoff eine Eignung zur anodischen Oxydation mit dekorativer Wirkung gefordert wird. In diesem Fall fällt obige Einschränkung fort, außerdem muß Cr < 0,05% sein.

Tabelle 20. Vorschlag der Neufassung von DIN 1725, Blatt 1, Stand Februar 1956 (siehe Fußnote Seite 5 und Nachtrag Seite 55).

Gattung	Cu	Mn	Mg	Si	Zn	Cr	Fe	Pb+Sn+Cd+Bi+Sb	Ti	sonstige	
				$\leq$0,5	$\leq$0,2	$\leq$0,05	$\leq$0,5		$\leq$0,2		
				$\leq$0,5	$\leq$0,2	0—0,3	$\leq$0,5		$\leq$0,2		
				$\leq$0,5	$\leq$0,2	0—0,3	$\leq$0,5		$\leq$0,2		
				$\leq$0,5	$\leq$0,2	0—0,3	$\leq$0,5		$\leq$0,2		
				$\leq$0,5	$\leq$0,2	0—0,3	$\leq$0,5		$\leq$0,2		
				$\leq$0,5	$\leq$0,2	0—0,3	$\leq$0,5		$\leq$0,2		
				$\leq$0,5	$\leq$0,2	0—0,3	$\leq$0,5		$\leq$0,2	[illegible]	
				0,5—1,0	$\leq$0,2	$\leq$0,1	$\leq$0,5		$\leq$0,2	[illegible]	
				0,3—0,8	$\leq$0,2	$\leq$0,05	$\leq$0,5		$\leq$0,2	[illegible]	
				0,6—1,1	$\leq$0,2	0—0,3	$\leq$0,5		$\leq$0,2	[illegible]	
				0,5—0,6	$\leq$0,07	—	$\leq$0,3		—	[illegible]	
				0,6—1,6	$\leq$0,5	0—0,3	$\leq$0,5	1,0—3,0	$\leq$0,2		
				0,5	$\leq$0,3	$\leq$0,1	$\leq$0,5		$\leq$0,2		
				0,2—0,8	$\leq$0,5	$\leq$0,1	$\leq$0,7		$\leq$0,2		
AlCuMg 2	3,8—4,9	0,3—0,9	1,2—1,8	$\leq$0,5	$\leq$0,5	$\leq$0,1	$\leq$0,5		$\leq$0,2	$\leq$0,05	
AlCuMgPb	3,5—5,0	0,5—1,0	0,4—1,8	$\leq$1,0	$\leq$1,0	$\leq$0,1	$\leq$1,0	1,0—3,0	$\leq$0,2	$\leq$0,1	$\leq$0,3
AlZnMg 1	$\leq$0,1	0—1,0	0,5—1,2	$\leq$0,7	3,5—4,8	0—0,3	$\leq$0,7	$\leq$0,1	$\leq$0,2	$\leq$0,05	$\leq$0,15
AlZnMg 3	$\leq$0,1	0,1—0,6	2,0—3,5	$\leq$0,7	4,0—5,5	0,1—0,3	$\leq$0,7	$\leq$0,1	$\leq$0,2	$\leq$0,05	$\leq$0,15
AlZnMgCu0,5	0,4—1,2	0,1—0,5	2,0—3,8	$\leq$0,5	3,8—5,5	0,1—0,3	$\leq$0,5		$\leq$0,1	$\leq$0,05	$\leq$0,15
AlZnMgCu1,5	1,2—2,0	$\leq$0,3	2,1—2,9	$\leq$0,5	5,1—6,1	0,18—0,35	$\leq$0,7		$\leq$0,2	$\leq$0,05	$\leq$0,15

* Bei besonders hohen Anforderungen an die Korrosionsbeständigkeit und entsprechender Vorschrift des Abnehmers beträgt der Cu-Gehalt höchstens 0,05%.

(Fortsetzung 4. Umschlagseite)